主编
朱文莉

副主编
方 敏　王 磊
王远均　王彦锋

高等数学先修课

（第二版）

中国教育出版传媒集团

高等教育出版社·北京

内容简介

《高等数学先修课（第二版）》是高等数学的预修教材，它衔接了中学数学和大学数学的内容。本书共八章，内容包括逻辑推理简介、函数的概念与性质、初等函数、曲线的极坐标方程与参数方程、数系的扩充与复数的引入、排列与组合、行列式、高等数学思想及方法。本书配套建设了数字化资源，包括微视频、开放性的讨论题、类型多样的习题、阅读材料、讨论题参考答案和部分习题参考答案等，有助于提升课程学习效果，便于学生自主学习。

本书是与中国大学 MOOC 上西南财经大学朱文莉教授等主讲的"高等数学先修课"慕课配套使用的教材，也可作为少数民族院校大一学生第一学期教学用书和少数民族预科班数学教学用书，还可供普通高等学校、高等职业学校学生学习高等数学课程之前自学使用。

第二版前言

本书依托的线上课程"高等数学先修课"于2018年获国家级精品在线开放课程，累计有超过40万名学习者在中国大学MOOC平台上注册学习。

依据学习者的学习反馈和使用该教材的教师的建议，编者对本书进行了系统修订。本书第二版与第一版的主要区别如下：

1. 新增内容。基于不同学习阶段贯通联系的思想，进一步凸显中学、大学数学在知识、思维与能力等方面的有效衔接，第二版新增不等式与逻辑推理简介、基本初等函数的等式运算、复数的开方运算、二项式定理、有限与无限的思想、极限与函数逼近的思想等内容。旨在强调学生的易错点，培养学生严谨的数学思维和逻辑推理的能力。

2. 整合内容。为使前后各章节知识之间的递进关系更为紧密、逻辑性更强，编者对原有内容进行了重构与整合。例如，将第一版第二章中求反函数运算和第四章中函数的复合运算整合为函数运算，作为本书第二章第三节；把第一版第三章中分段函数和隐函数整合在一起作为本书第二章第四节；将第一版第五章经济学中常用的函数调整到第三章的第三节作为函数在经济中的应用案例；在第三章第一节基本初等函数介绍中增加了高等数学学习中所需但又易出错的幂函数的运算性质、指数函数运算性质、对数函数运算性质与三角恒等变化等等式运算性质；为了使不等式内容的引入显得自然贴切，本书利用不等式与函数之间的内在联系，用函数的观点把它们统一起来，调整到第三章的第四节。

3. 逻辑素养。高等数学具有高度的抽象性、严密的逻辑性和广泛的应用性等特点。特别是抽象性和逻辑性，使许多学习者望而生畏。而作为一名数学学习者，需要掌握数学概念、数学推理等，从而有助于避免在数学学习中出现各种逻辑性错误。为此，编者将系统的逻辑推理简介放在了本书的第一章，并在其后的七章中，均以数学知识为载体，适当拓展相关应用，培养学生的逻辑思维。

4. 形式多样的讨论题与习题。本书新增了许多习题和讨论题，习题有封闭性、半开放性的，而讨论题基本都是半开放性或全开放性的。半开放性的讨论题和习题有助于学习者获得综合性的知识与技能，可以检验学生拓展思维、创造性思维能力，使学生从知识的"消费者"转向"生产者"。而全开放性的讨论题有助于学习者创造解决这个问题的许多可能的方法，并能依据自己的标准选择最好的方法，同时还可以检验学生是否具有团队精神、能否合作学习、共同面对挑战。

5. 补充与延伸。为了突出数学的基本思想和应用背景，培养学习者对数学的探索精神，本书在第八章通过几个经典引例完整地呈现高等数学的有限与无限的思想、极限的思想、导数与积分的思想以及函数逼近的思想。同时建设了数字化资源，做到对教学内容进行补充与延伸，包括视频、阅读材料、讨论题和部分习题的参考答案等内容。

本书修订工作由朱文莉、王远均、王彦锋、胡先全、张紫莎完成。其中函数在经济中的应用案例由王远均完成，行列式和二项式定理由王彦锋完成，高等数学思想介绍的几个经典引例由张紫莎和朱文莉合作完成，各章习题由胡先全和朱文莉合作完成，其余各部分修改均由朱文莉完成。全书由朱文莉负责统稿和选稿。魏华老师为本书的出版提出了许多宝贵意见，在此表示衷心的感谢！书中难免存在不足，欢迎广大专家、同行和读者给予批评指正。

本书得到高等学校大学数学教学研究发展中心（教改项目 CMC20220302）的资助。

编者

2024 年 3 月

第一版前言

  自施行新一轮基础教育课程改革以来，中学数学教学在内容上有了较大变化。例如中学阶段只需要掌握复数的代数形式，关于复数的三角形式和指数形式等知识却并不涉及，但在大学有关专业课学习中又默认学生掌握了上述知识。再如，三角函数的和差化积、积化和差公式在中学不作要求，而且部分中学的学生不学反三角函数或仅了解其表示符号，然而在高等数学中会经常涉及三角函数或反三角函数的求导与积分运算，如果没有学反三角函数、没有熟练掌握三角函数的恒等变形，那么就很难熟练地求解三角函数、反三角函数的导数与积分。

  高等数学是大学阶段重要的基础理论课程，一般在大一开设，面向的是刚刚高中毕业进入大学的新生。由于其学时长、内容多且概念抽象难懂，因而成为许多大一新生学习的拦路虎，也是大学补考率最高的课程之一。那么我们应该如何把学习高等数学需要而被中学阶段忽视的部分教学内容完整地呈现给大一新生，破解中学生文理科和地区要求差异难题，帮助大一新生顺利完成角色转换，切实做好中学数学和高等数学衔接教学呢？为此，我们教学团队精心设计了"高等数学先修课"课程，该课程建设大致可以分成三个阶段：

  第一阶段：2015 年 8 月，录制了包括函数的概念与性质、反函数、分段函数、初等函数、常用的经济函数的导学视频，配套建设

PPT 课件和测试题，供西南财经大学的新生入学后参考学习。

第二阶段：2016 年 7 月，制作了"高等数学先修课"的教学视频，共七讲，包括函数、反函数、分段函数、初等函数、常用的经济函数、曲线的极坐标方程、高等数学思想及方法，并编写了相应的电子讲稿。我们将课程视频放置在西南财经大学教学网络平台上供新生假期在家自主学习使用，并配套建设随堂测试、讨论题、PPT 课件、作业与测试等，实现了将"高等数学先修课"课程的内容体系化。

第三阶段：2017 年 7 月，按照慕课标准，重新对"高等数学先修课"课程做了整体的设计，并制作了高清的教学视频，共十讲，包括函数的概念和性质、反函数、分段函数、初等函数、常用的经济函数、曲线的极坐标方程与参数方程、数系的扩充与复数的引入、排列与组合、行列式、高等数学思想及方法等。该课程于 2017 年 8 月首次在中国大学 MOOC 平台上线，免费对所有社会学习者开放，截至目前，累计有近 30 000 名学习者。此阶段的"高等数学先修课"课程已由普通网络课程改造升级为慕课课程，惠及更多的学习者。

实践证明，"高等数学先修课"从形式和内容上较好地解决了中学数学和大学数学的衔接问题，帮助学生实现了从中学数学到大学数学的衔接学习，效果显著。我们教学团队在广泛调研、充分论证的基础上于 2016 年完成了《高等数学先修课》教材初稿，并经过教学试点后修订完善成为今天的版本。本书一方面通过对中学数学知识的复习、引申和扩充，让大一新生在进入大学数学学习时有充足的知识储备；另一方面，通过对高等数学的简单介绍，使同学们能感性地认识高等数学的基本特点，了解高等数学研究问题的有关思路。

本书在内容取舍上比较注重数学与实践的有机结合，以期读者在掌握基本概念、原理和方法的基础上，对其实际的应用有所了解，从而为开启自主学习模式和培养创新能力打下良好的基础。通过教学试点，我们认为 48～64 学时可以讲授完本书内容，当然也可依据具体情况酌情增减。

本书集中了团队成员的智慧和力量。第一、二、五章由方敏编写，第三、四、六、七、十章由朱文莉编写，第八、九章由王磊编写。陈昊对本书的编写提出了许多建设性的意见，岳佳老师与王彦锋、程志明、宋辉等多位博士研究生对初稿进行了仔细阅读及校对，提出了许多宝贵的建议。全书由朱文莉统稿、定稿，并对一些章节作了适当修改。

数字化资源的一部分资源可以通过手机扫描二维码获得，另外一部分资源需登录数字课程网站查看，在书中用图标 标出。

我们真诚地感谢清华大学扈志明教授和电子科技大学钟守铭教授对本书的认真审阅，他们对本书的编写提出了许多宝贵的建议，使我们受益匪浅。

最后向关心支持本书出版的西南财经大学教务处、数学学院领导以及高等教育出版社表示衷心的感谢！由于编者水平有限，难免有疏漏及不妥之处，渴望得到广大专家、同行和读者的批评与指正。

朱文莉于成都

2017 年 10 月

目 录

- **第一章**
  逻辑推理简介
  1.1 数学概念与数学定义 ⋯ 2
  1.2 数学命题 ⋯ 4
  1.3 全称量词命题与存在量词命题 ⋯ 7
  1.4 充分条件、必要条件、充要条件 ⋯ 9
  1.5 数学推理 ⋯ 12
  习题 1 ⋯ 17

- **第二章**
  函数的概念与性质
  2.1 函数的概念 ⋯ 21
  2.2 函数的性质 ⋯ 31
  2.3 函数的运算 ⋯ 36
  2.4 隐函数和分段函数 ⋯ 50
  习题 2 ⋯ 59

- **第三章**
  初等函数
  3.1 基本初等函数及其性质 ⋯ 67
  3.2 初等函数 ⋯ 76
  3.3 经济学中常用的函数 ⋯ 78
  3.4 不等式 ⋯ 82
  习题 3 ⋯ 88

- **第四章**
  曲线的极坐标方程与参数方程
  4.1 极坐标系 ⋯ 97
  4.2 曲线的极坐标方程 ⋯ 102
  4.3 曲线的参数方程 ⋯ 111
  习题 4 ⋯ 118

- **第五章**
  数系的扩充与复数的引入
  5.1 数系的扩充 ⋯ 122
  5.2 复数的基本概念 ⋯ 124
  5.3 复数的表示形式 ⋯ 128
  5.4 复数的运算 ⋯ 131
  习题 5 ⋯ 141

- **第六章**
  排列与组合
  6.1 计数原理 ⋯ 146
  6.2 排列 ⋯ 148
  6.3 组合 ⋯ 153
  6.4 二项式定理 ⋯ 157
  习题 6 ⋯ 162

- **第七章**
  行列式
  7.1 二阶行列式 ⋯ 168

7.2 三阶行列式 … *171*

习题 7 … *174*

- **第八章**
  高等数学思想及方法

8.1 简单认识高等数学 … *180*

8.2 基本初等函数的再认识 … *193*

8.3 如何学习高等数学 … *196*

习题 8 … *197*

- **参考文献**

第一章	逻辑推理简介

  逻辑思维是借助概念、判断、推理等思维形式进行的思考活动，是一种有条件、有步骤、有依据、渐进式的思维方式．而逻辑思维能力是指按照逻辑思维规律，运用逻辑方法来进行思考、推理、论证的一种能力．数学具有严谨的逻辑体系，数学概念的分类、定理的证明、公式法则的推导等都离不开逻辑推理．因此，数学学习是培养学生逻辑思维能力的有效工具．

  逻辑推理是一种通过逻辑分析和推理来得出结论的方法，它是一种严谨的思维方式，帮助我们解决问题、做出合理的推论与决策．逻辑推理的应用非常广泛，在数学、哲学、科学等领域都发挥着重要的作用．例如，在数学中，我们可以利用逻辑推理去证明定理和推导公式．

  本章主要介绍全称量词命题与存在量词命题、命题的否定、充分条件、必要条件、充要条件等常用逻辑用语，以及数学概念、数学命题与数学推理等逻辑知识及其应用举例．

学习目标：
1. 深刻理解数学概念与数学定义，明确概念的内涵和外延．
2. 了解命题的概念，能辨析命题的条件与结论，会判断命题的真假，能写出命题的否定命题，掌握命题的四种相互关系．
3. 理解全称量词命题与存在量词命题，并能对其进行否定．
4. 掌握充分条件、必要条件、充要条件的概念，并能准确判断命题中条件和结论的逻辑关系，进行准确的逻辑推理．
5. 了解数学抽象与逻辑推理的概念，掌握演绎推理、归纳推理和类比推理等几类常用的数学推理方法，明确合情推理在数学中的意义．

1.1 数学概念与数学定义

数学学习中经常遇到概念和定义，甚至同一个内容在不同的教材中有的叫定义，有的叫概念．那么数学概念与数学定义有什么区别与联系呢？

1.1.1 数学概念

概念是人类在认识过程中，从感性认识上升到理性认识，把所感知事物的共同本质特点抽象出来，加以概括得到的，是自我认知意识的一种表达．任何一个概念都既有它的含义，又有它适用的范围．我们将概念的含义称为概念的内涵，表示概念所反映的事物的特有属性；而将概念所适用的范围称为概念的外延，是指具有该概念所反映的本质属性的一切对象的集合．概念的内涵有多有少，外延有大有小．例如，"中国人"这个概念比"人"这个概念的内涵要多，但外延却更小．

概念的内涵与外延关系为：一个概念的内涵越多，它的外延就越小；反之，一个概念的内涵越少，它的外延就越大．明确了概念的内涵和外延的这种关系，我们就可以对某个概念加以一定的限制（例如，可以在名词前面加上定语，在动词、形容词前面加上状语，等等），从而使概念的内涵增加、外延缩小；相反，如果去掉对某些概念起限制性作用的词语，那么就可以减少概念的内涵，扩大它的外延．例如，数系发展——自然数 $\to$ 整数 $\to$ 有理数 $\to$ 实数 $\to$ 复数，就体现了概念内涵减少，外延扩大．

数学概念是人脑对现实对象的数量关系和空间形式的本质特征的一种反映形式．它是数学思维的一种基本形式，来源于两方面：一是对客观世界中的数量关系和空间形式的直接抽象，比如，三角形、四边形、平行、垂直等就具有这种特性；二是抽象逻辑思维，通常是在已有数学理论上进行逻辑建构，利用原数学概念，再用"每一个""所有""存在""不""和""或""如果……那么……""当且仅当"等术语来描述．例如，我们观察到一类函数变量无论它的自变量在区间 I 上怎样变化，它的函数值总在一个有限范围内变化，那么依据这个特性就抽象出如下"函数有界"概念：

如果存在数 K_1，K_2（不妨假设 $K_1<K_2$），对任意的 $x\in I$，恒有

$$K_1\leqslant f(x)\leqslant K_2$$

成立，那么就称函数 $f(x)$ 在 I 上有界．

1.1.2　数学定义

前面已经指出，要明确概念就是要明确它的内涵和外延．那么怎样才能使概念的内涵和外延明确呢？在逻辑学里，定义就是明确概念内涵的逻辑方法，而划分是明确概念外延的逻辑方法．

一个定义一般都由被定义项、定义项和定义联项三部分组成．通常，我们可以用 "D_s 就是 D_p" 来表示它们，其中的 D_s 代表被定义项，它是需要在定义中被解释和说明的词项、概念或命题；D_p 代表定义项，是用来解释、说明被定义项的词项、概念或命题；"就是"代表定义联项，是用来连接被定义项和定义项的词项．例如，素数就是只能被 1 和自身整除的大于 1 的自然数，而合数就是除 1 和它本身之外至少还含有一个因数（0 除外）的自然数，这里素数与合数采用了"……就是……"的形式．读者需要注意的是：定义可以引用已经认可的概念，但不能引用尚未定义的新概念．例如，合数的定义里便用了自然数和因数这两个已知概念．

综上所述，数学概念是从"数"和"形"两方面揭示客观事物本质属性的思维产物，它反映了数学概念的内容；数学定义是对数学概念的含义加以描述，并做出明确的规定．对同一个数学概念，可以有不同的定义方式．例如，对平行四边形，既可以定义为"两组对边分别平行的四边形"，也可以定义为"一组对边平行且相等的四边形"．具体采用哪种方式的定义，主要取决于哪种方式更容易凸显出对象的本质，或更容易被学习者理解和接受．当然，这些定义之间是相互等价的．

划分就是把一个概念的外延分为几个小类的逻辑方法，当我们把一个概念的外延分成几个小类时，这个概念的外延，就比以前明确多了．在一个概念的外延中，可以只有一个单独的事物，也可以有许多事物，有时还可以有无穷多的事物．当一个概念的外延中，有很多甚至无穷多的事物的时候，要明确外延，我们就不能用一一列举的方法了．此时，我们可以把概念的外延，根据属性的不同，分成许多小类．例如，我们可以把"三角形"按角的大小分为直角三角形、钝角三角形与锐角三角形，也可以把"三角形"按边与边之间的关系分为等边三角形、二等边三角形与不等边三角形．这样，三角形的概念就比较明确了．

讨论题

试分别叙述平行四边形、菱形的内涵，并比较两者的内涵与外延．

讨论题参考答案

1.2 数学命题

1.2.1 命题的概念

命题是对事物、事件或概念等的陈述或判断．命题可以用语句的形式表达，通常由题设和结论两部分组成：题设是已知事项，结论是由已知事项推出的事项，但不一定正确，所以命题可真可假．正确的命题叫做真命题，错误的命题叫做假命题．大多命题都可以写成"如果 A，那么 B""若 A，则 B"等形式，其中的 A 称为命题的题设或条件，B 称为命题的结论．

数学命题是一类重要的命题，一般是指数学中的判断，通常表现为语句或者借助符号与式子来表达．例如，"所有无理数都大于零"和"若 $x \in \mathbf{R}$，则 $\sin^2 x + \cos^2 x = 1$"都是命题．前者为假命题，后者为真命题．

在数学科学系统中，要说明一个命题是真命题，需依据已知的概念和真命题遵循的逻辑规律，运用正确的逻辑推理方法证明其真实性．如果证明了一个命题为真，那么就可以把这个命题叫定理，能由某个定理推导出的结论称为这个定理的系或推论．要说明一个命题是假命题，通常需要举出一个例子，使之具备命题的条件，而不具有命题的结论，这样的例子叫做反例．实际上，数学界中尚有一些命题至今还没有人能判断真假．例如，

"每一个不小于 6 的偶数都是两个奇素数的和"， （1.2.1）

到目前为止数学家们还不能确定它是一个真命题还是一个假命题．通常，将这类未能得到真假判断的命题称为猜想．命题（1.2.1）是数学家哥德巴赫（Goldbach）提出来的，所以称为哥德巴赫猜想．

综上所述，数学中的定义、公理、公式、性质、法则、定理等都是数学真命题，它们都是判断数学命题真假的依据．

1.2.2 命题的否定

保留某个命题 p 的条件，只将命题 p 的结论进行否定得到的新命题，称为原命题 p 的否定，记作 ¬p，读作"非 p"．特别地，对形如"若 A，则 B"命题的否定，记作"若 A，则 ¬B（读作非 B，表示 B 不成立）"．例如，命题"3 是奇数"的否定为"3 不是奇数"．

显然，一个命题和它的否定不能同时为真命题，也不能同时为假命题，只能一真一假．表 1.2.1 给出一些常见结论的否定形式．

表 1.2.1 常见结论的否定形式

原结论	是	都是	大于	小于	至少有一个	至多有一个	p 或 q	p 且 q
否定词	不是	不都是	不大于	不小于	一个都没有	至少有两个	¬p 且 ¬q	¬p 或 ¬q

例 1 写出下列命题 p 的否定 ¬p，并判断 p 与 ¬p 的真假．

（1）两直线平行，同位角相等；

（2）若 $x^2+y^2=0$，则 x, y 全为零；

（3）若 $xy=0$，则 x, y 都不为零．

解 (1) p:"两直线平行,同位角相等"为真命题.

$\neg p$:"两直线平行,同位角不相等"为假命题.

(2) p:"若 $x^2+y^2=0$,则 x, y 全为零"为真命题.

$\neg p$:"若 $x^2+y^2=0$,则 x, y 不全为零"为假命题.

(3) p:"若 $xy=0$,则 x, y 都不为零"为假命题.

$\neg p$:"若 $xy=0$,则 x, y 中至少有一个为零"为真命题.

1.2.3 命题的分类

在数学上,为了更全面地研究命题的条件和结论的逻辑联系,往往把一个命题的条件和结论换位,或者把条件、结论变为他们的否定,从而得到另外的三个新命题. 例如,把原命题"若 A,则 B"的条件和结论换位得到原命题的逆命题"若 B,则 A";把原命题的条件和结论分别变为他们的否定,得到原命题的否命题"若 $\neg A$,则 $\neg B$";把否命题的条件和结论换位得到原命题的逆否命题"若 $\neg B$,则 $\neg A$",同时也是逆命题的否命题.

上述四种命题的相互关系为:原命题与逆命题互逆,否命题与逆否命题互逆;原命题与否命题互否,逆命题与逆否命题互否;原命题与逆否命题相互逆否,逆命题与否命题相互逆否. 下面将四种命题的形式及其关系,用图 1.2.1 表示.

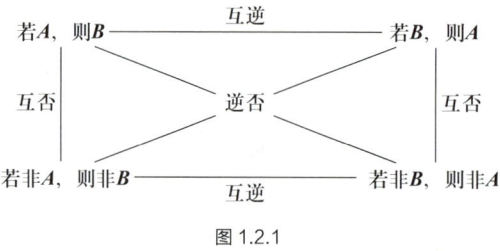

图 1.2.1

例 2 设命题:"若 $\sin x \neq 1$,则 $x \neq \dfrac{\pi}{2}$",写出该命题的四种命题,并判断它们的真假.

解 原命题:"若 $\sin x \neq 1$,则 $x \neq \dfrac{\pi}{2}$",这是一个真命题.

逆命题:"若 $x \neq \dfrac{\pi}{2}$,则 $\sin x \neq 1$",这是一个假命题.

否命题:"若 $\sin x = 1$,则 $x = \dfrac{\pi}{2}$",这是一个假命题.

逆否命题:"若 $x = \frac{\pi}{2}$,则 $\sin x = 1$",这是一个真命题.

读者需注意:(1)实质不同的命题只有原命题和逆命题,其他两种命题只是形式不同而已;(2)如果证得逆命题为真,就将其称为原定理的逆定理,如果逆命题为假,则原定理没有逆定理;(3)否命题与命题的否定不同,否命题是既否定条件又否定结论,而命题的否定只否定结论,比如例1中(1)的否命题为"两直线不平行,同位角不相等",它是真命题.

讨论题参考答案

讨论题

当原命题为真时,它的逆命题、否命题和逆否命题的真假性如何呢?

1.3 全称量词命题与存在量词命题

1.3.1 全称量词与存在量词

在逻辑中,"任给的""所有的""任意一个""每一个"等短语在陈述中表示所属事物的全体,称为全称量词,用符号"∀"表示;"存在""至少有一个""能够找到"等短语在陈述中表示所属事物的个体或部分,称为存在量词,用符号"∃"表示;"有且仅有"表示"存在且唯一",称为唯一量词,常用符号"∃!"表示. 含有全称量词的命题,叫做全称量词命题,含有存在量词的命题,叫做存在量词命题.

例 1 判断下列命题的真假:

(1)对任意的实数 x,均有 $|x| \geq 0$;

(2)对任给的整数 x,均有 $2x+1 = 2$;

(3)存在一个实数 x,使 $x^2 + 2x + 2 = 0$;

(4)方程 $(x-1)(x^2+1) = 0$ 有且仅有一个实根.

解 （1）依据绝对值的定义，对任意的实数 x，均有 $|x|\geqslant 0$，所以全称量词命题（1）是真命题．

（2）读者易验证，当 $x=1$ 时，$2x+1=3\neq 2$，所以全称量词命题（2）是假命题．

（3）因为所给一元二次方程的判别式 $\Delta=2^2-4\times 2=-4<0$，所以该方程无实数根，所以存在量词命题（3）是假命题．

（4）因为所给一元三次方程在实数域内有且仅有一个实根 $x=1$，所以唯一量词命题（4）是真命题．

数学中，常将含有变量 x 的语句用 $p(x),q(x),\cdots$ 来表示，变量 x 的取值范围用集合 D 表示．据此，全称量词命题"对 D 中的任意一个 x，均有 $p(x)$ 成立"可简记为

$$\forall x\in D, p(x); \qquad (1.3.1)$$

存在量词命题"存在 D 中的一个元素 x，使得 $p(x)$ 成立"可简记为

$$\exists x\in D, p(x). \qquad (1.3.2)$$

通过对例 1 的学习，我们知道：要判定全称量词命题（1.3.1）是真命题，就需要对集合 D 中每个元素 x，证明 $p(x)$ 成立；但若要判定其是假命题，却只需举出一个反例，即在集合 D 中找到一个特殊元素 x_0，使得 $p(x_0)$ 不成立即可．要判定存在量词命题（1.3.2）是真命题，只需举例说明，即在集合 D 中找到一个特殊元素 x_0，使得 $p(x_0)$ 成立即可；但若要判定其是假命题，却需要说明集合 D 中每个元素 x，都使得 $p(x)$ 不成立．

1.3.2 全称量词命题与存在量词命题的否定

在 1.2 节我们学习了一个命题的否定，下面我们来探讨如何对全称量词命题与存在量词命题进行否定．

例 2 写出下列命题 s 的否定：

（1）来 H101 教室上课的所有同学都是少数民族学生；

（2）$\exists x \in \mathbf{R}$，使 $x^2 - 2x + 3 \leq 0$；

（3）一元二次方程不总有实数根．

解 （1）设 H101 也表示来该教室上课的所有学生的集合，则命题 s：$\forall x \in \mathrm{H}101$，$x$ 是少数民族学生，为全称量词命题．则该命题的否定为并非来 H101 教室上课的所有同学，都是少数民族学生，即 $\exists x_0 \in \mathrm{H}101$，但 x_0 不是少数民族生．

（2）命题 s：$\exists x \in \mathbf{R}$，使 $x^2 - 2x + 3 \leq 0$，为存在量词命题．则 $\neg s$：$\forall x \in \mathbf{R}$，有 $x^2 - 2x + 3 > 0$.

（3）命题 s：一元二次方程不总有实数根，是省略了量词的全称量词命题．则 $\neg s$：有的一元二次方程总有实数根．

更一般地，命题（1.3.1）的否定为命题（1.3.2），即"$\exists x \in D$, $\neg p(x)$"；命题（1.3.2）的否定为命题（1.3.1），即"$\forall x \in D, \neg p(x)$".

一般来说，想要否定命题（1.3.1）或（1.3.2），需注意：

（1）把全称量词命题中的"$\forall$"改为"$\exists$"，或把存在量词命题中的"$\exists$"改为"$\forall$"；

（2）命题条件中的范围保持不变；

（3）命题结论中的范围变为其补集．

讨论题参考答案

讨论题

总结出判断全称量词命题和存在量词命题真假的方法．

1.4 充分条件、必要条件、充要条件

数学命题中的条件分为充分条件、必要条件、充要条件以及既不充分也不必要的条件，它们简明地表达了命题中条件和结论的逻辑关系．

充分条件和必要条件是数学中两个重要的概念，用于描述命题之间的关系，它们在数学证明、逻辑推理以及其他学科的知识推理过程中起着重要的作用.

为了问题叙述方便，下面先介绍几个符号.

如果"若 A，则 B"是一个真命题，那么称由 A 可以推出 B，记作

$$A \Rightarrow B,$$

读作"A 推出 B"；否则，称由 A 推不出 B，记作 $A \not\Rightarrow B$，读作"A 推不出 B". 如果"$A \Rightarrow B$ 且 $B \Rightarrow A$"，也可说"A 当且仅当 B"，那么称 A 与 B 等价，记作

$$A \Leftrightarrow B.$$

一般地，如果"$A \Rightarrow B$ 且 $B \not\Rightarrow A$"，则称 A 为 B 的充分而不必要的条件；

如果"$A \not\Rightarrow B$ 且 $B \Rightarrow A$"，则称 A 为 B 的必要而不充分的条件；

如果"$A \Rightarrow B$ 且 $B \Rightarrow A$"，则称 A 与 B 互为充分和必要的条件，简称充要条件；

如果"$A \not\Rightarrow B$ 且 $B \not\Rightarrow A$"，则称 A 为 B 的既不充分也不必要的条件.

由上述充分条件与必要条件的定义知，充分条件指的是命题为真所需要保证满足的条件，如果 A 为 B 的充分条件，那么 A 充分保证了 B 的成立，是 A 导致了结果 B 的发生；而必要条件指的是命题为真所必须满足的条件，如果 B 为 A 的必要条件，那么只有 B 发生，A 才有可能发生，也就是说没有 B 就不能产生结果 A（即若 $\neg B$，则 $\neg A$）. 例如，因为 $x > 2 \Rightarrow x \in \mathbf{R}$，但 $x \in \mathbf{R} \not\Rightarrow x > 2$，所以"$x > 2$"是"$x \in \mathbf{R}$"的充分而不必要的条件；因为 $xy = 0 \not\Rightarrow x = 0$，但 $x = 0 \Rightarrow xy = 0$，所以"$xy = 0$"是"$x = 0$"的必要而不充分的条件；因为 $x^2 + y^2 = 0 \Leftrightarrow x = 0, y = 0$，所以 $x^2 + y^2 = 0$ 与 $x = 0, y = 0$ 互为充要条件；因为 $x^2 < 3 \not\Rightarrow x < 0$，且 $x < 0 \not\Rightarrow x^2 < 3$，所以 $x^2 < 3$ 既不是 $x < 0$ 的充分条件也不是必要条件.

充分条件、必要条件、充要条件的概念可以应用于各种情况，包括数学证明、逻辑推理和计算机科学等. 在证明充要条件的时候，

需要从条件推出结论（即为证明充分性）以及从结论推出条件（即为证明必要性）．或许有的读者就会问："充要条件"的"条件"和"结论"不是能互换的吗？那我们在证明充分性或必要性时，把哪个作为条件，哪个作为结论呢？

通常，充要条件证明题的叙述方式可以概括为如下两种：

（1）"求证：*A* 是 *B* 的充要条件"；

（2）"求证：*A* 的充要条件是 *B*"．

读者试着把这两种方式中加粗的字重读出来，哪个是"条件"就一目了然了：在（1）中，"*A* 是条件"，则由 *A* 推出 *B* 就是证明充分性；反之，由 *B* 推出 *A* 就是证明必要性；在（2）中，"条件是 *B*"，则由 *B* 推出 *A* 就是证明充分性；反之，由 *A* 推出 *B* 就是证明必要性．

例 设互不共线的三向量 $\boldsymbol{a}$, $\boldsymbol{b}$ 与 $\boldsymbol{c}$，试证明顺次将它们的终点与始点相连而成一个三角形的充要条件是它们的和是零向量．

证 必要性：设互不共线的三向量 $\boldsymbol{a}$, $\boldsymbol{b}$, $\boldsymbol{c}$ 构成的三角形为 $\triangle ABC$，其中 $\overrightarrow{AB}=\boldsymbol{a}, \overrightarrow{BC}=\boldsymbol{b}, \overrightarrow{CA}=\boldsymbol{c}$，那么 $\overrightarrow{AB}+\overrightarrow{BC}+\overrightarrow{CA}=\overrightarrow{AA}=\boldsymbol{0}$，即 $\boldsymbol{a}+\boldsymbol{b}+\boldsymbol{c}=\boldsymbol{0}$．

充分性：如果互不共线的三向量 $\boldsymbol{a}$, $\boldsymbol{b}$ 与 $\boldsymbol{c}$ 满足 $\boldsymbol{a}+\boldsymbol{b}+\boldsymbol{c}=\boldsymbol{0}$，作 $\overrightarrow{AB}=\boldsymbol{a}, \overrightarrow{BC}=\boldsymbol{b}$，那么 $\overrightarrow{AC}=\boldsymbol{a}+\boldsymbol{b}$，所以 $\overrightarrow{AC}+\boldsymbol{c}=\boldsymbol{0}$，从而 $\boldsymbol{c}$ 是 $\overrightarrow{AC}$ 的反向量，因此 $\overrightarrow{CA}=\boldsymbol{c}$，于是 $\boldsymbol{a}$, $\boldsymbol{b}$, $\boldsymbol{c}$ 可构成 $\triangle ABC$．

注 数学中一个数学对象的定义实际上给出了这个对象的一个充要条件．例如，命题"素数就是只能被 1 和自身整除的大于 1 的自然数"是素数的定义，它意味着，"一个大于 1 的自然数只能被 1 和自身整除"是"自然数是素数"的充要条件；数学中的判定定理实际上给出了判定数学对象 *B* 的一个充分条件 *A*．例如，命题"如果一元二次方程 $ax^2+bx+c=0(a\neq 0)$ 的判别式 $\Delta=b^2-4ac\geqslant 0$，那么这个方程有实根"就是一个判定定理，它表明"方程 $ax^2+bx+c=0(a\neq 0)$ 的判别式 $\Delta=b^2-4ac\geqslant 0$"是"方程有实根"的充分条件；而命题"矩形的对角线相等"就是一个性质定理，它表明"四边形的对角线相等"是"四边形是矩形"的必要条件．显然，性质定理给出了判定数学对象 *A*（如矩形）的一个必要条件 *B*（对角线相等）．

讨论题

在证明充要条件的时候，由"条件推出结论"与"从结论推出条件"是分别证明充分性还是必要性？试举例说明．

讨论题参考答案

1.5 数学推理

1.5.1 数学抽象与逻辑推理

我们说某事物抽象就说明该事物不具体．一般说来，抽象是指舍弃事物的个别的、非本质的属性，去抽取出本质属性的过程和方法．

数学抽象是从事物的量的属性或关系属性进行抽取，是一种特殊抽象，它具有如下特点：

（1）数学抽象内容的量的特定性：着眼于事物存在的数量关系和空间形式，有别于其他学科；

（2）数学抽象方法的逻辑建构性：基于定义和严密的推理进行逻辑建构；

（3）数学抽象程度的高度性：体现在多层次抽象和远离现实模型．

例如，在本书的 8.1.3 节，我们就抛开函数曲线切线斜率和变速直线运动的瞬时速度的具体数学和物理意义，高度抽象出"当自变量的改变量无限逼近于零时函数的改变量与其自变量的改变量比值的极限"这个数学结构，并将其定义为"导数"．

数学抽象包括强抽象和弱抽象两个具体方法．强抽象是指从事物具有的若干属性中强化或者添加某些属性的抽象，是扩大内涵缩小外延的抽象，是从一般到特殊的抽象．例如，任意三角形 → 等腰三角形 → 等边三角形．弱抽象是指从事物具有的若干属性中减弱或者去掉某些属性的抽象，是缩小内涵扩大外延的抽象，是从特殊到一般的抽象．例如，等边三角形 → 任意三角形，或者等边三角形 → 等腰三角形．

推理是基于已有的判断推出一个新的判断的思维过程或思维形

式．任何推理都有两个组成部分：一个是推理所依据的判断，称为前提；另一个是推出的新判断，称为结论．要保证推理结论的正确性，就必须满足三个条件：（1）前提真实；（2）推理形式有效；（3）前提和结论相关．

逻辑推理是一种通过逻辑分析和推理得出结论的方法，它是一种严谨的思维方式，帮助我们解决问题、做出合理的决策与推论．逻辑推理的应用非常广泛，在理学、哲学等领域都发挥着重要的作用．例如，在数学学习中，只要是通过运算（运算也是一种推理）或证明去解决问题，都要用到互相关联的知识，所以在数学推理中，把数学内容看成是一个互相关联的知识网，它不仅是推理的结果，也是进一步推理的基础，这对学生进行有意义的学习、构建良好的认知结构是十分有益的．

数学中的推理是利用数学定理、公式和规律，去推导出新的结论或证明已知的定理，是读者学习数学的基本能力，并在数学的建立、数学的发展以及学生的发展中起着重要的作用．

综上所述，虽然抽象与推理密不可分，但它们对于数学发展的功能和作用各有侧重：通过"抽象"把外部世界引入数学，通过"推理"促进了数学本身的发展．

1.5.2 几类常用的数学推理

数学中常用的推理有演绎推理、归纳推理和类比推理．

1. 演绎推理

演绎推理是从一般性的前提出发，通过推导，也就是"演绎"，得出具体陈述或个别结论的过程，它是从一般到特殊的推理，其前提与结论之间的联系是必然的，因此，演绎推理是严格的逻辑推理．演绎推理在数学中表现为关系推理、三段论、假言推理等多种形式．

关系推理是前提中至少有一个是关系命题的推理．常用的关系推理有：对称性关系推理、反对称性关系推理、传递性关系推理．例如，已知 A 与 B 相等，且 A 大于 C，依据大于关系的传递性可推得：B 大于 C．

最常用的是"三段论"模式的演绎推理，一般表现为大前提、小前提、结论的三段论模式，即

大前提：一切 M 都是（或不是）P，

小前提：Q 是 M，

结论：Q 是（或不是）P.

"三段论"式的演绎推理，也称为具有传递关系的推理，它是从两个反映客观世界对象的联系和关系的判断中得出新的判断的一种推理形式．例如，

因为任意三角形三内角之和为 $180°$（大前提），

而直角三角形是三角形（小前提），

所以直角三角形三内角之和为 $180°$（结论）．

假言推理是以假言判断为前提的推理，常常通过条件语句的关系来进行推理．例如，如果一个图形是正方形，那么它的四边相等；这个图形的四边不相等，所以它不是正方形．

选言推理是以选言判断为前提的推理．例如，这个三段论的错误，或者是前提不正确，或者是推理不符合规则；这个三段论的前提是正确的，所以这个三段论的错误是推理不符合规则．

2. 归纳推理

归纳推理是以已知为真的命题为前提，引出可能真实的命题作结论的过程，简称为归纳法．与演绎推理的过程相反，归纳推理是从特殊到一般的推理，即通过对某类事物中的若干特殊情形的分析，推出一般结论的方法．依据归纳推理的前提和结论所作判断的范围是否相同，将归纳推理分为完全归纳推理和不完全归纳推理．

完全归纳推理是一种在研究了事物的所有（有限种）特殊情况后得出一般性结论的推理方法，其结论一定可靠，所以完全归纳推理可作为数学的严格推理方法．在初等数学中，完全归纳推理是一种经常被使用的推理和证明方法，其核心思想是先把问题分类，再逐类研究．完全归纳推理通常包含穷举法和类分法两种．穷举法是对具有有限多个对象的某类事物进行研究时，对所有对象的属性分别给予讨论，通过判断它们都具有某一属性而推得这类事物都具有这一属性的

归纳推理．例如，

$$1+2+3+\cdots+98+99+100=50\times 101=5\,050.$$

该结果是德国著名数学家高斯（Gauss）上小学时运用完全归纳推理推得的：这里的 1 到 100 是所给题目的全部对象，且所求和式中所有各个相应的首尾两数之和都等于 101，即由 $1+100=101$，$2+99=101$，$3+98=101$，$\cdots$，$50+51=101$ 可以得到 50 个 101.

当考察的对象是无穷多的时候，穷举法已不再适合，此时，需要采用类分法．类分法是指将研究的对象先按命题中可能存在的情况进行分类，再按类分别给予讨论．如果每类均得证，那么结论就得证了．例如，绝对值函数 $y=|x|(x\in \mathbf{R})$ 的定义就是将自变量按 $x>0, x=0, x<0$ 的分类给出的．读者需注意分类的如下三个原则：

（1）分类中的每一部分是相互独立的；

（2）一次分类需按同一个标准；

（3）分类讨论应逐级进行，获取阶段性的相应结果，最后将分类讨论的结果进行综合，得到整个问题的解答．

例 求解关于 x 的不等式 $x^2-(a+a^2)x+a^3>0$．

解 题目所给关于 x 的一元二次不等式可化为 $(x-a)(x-a^2)>0$，但因 a 与 a^2 的大小关系无法确定，所以将对 a 进行分类讨论．

（1）当 $a<0$ 时，$a<a^2$，原不等式的解集为 $\{x\,|\,x<a\}\cup\{x\,|\,x>a^2\}$．

（2）当 $a=0$ 时，$a=a^2$，原不等式的解集为 $\{x\,|\,x\in \mathbf{R}\text{ 且 }x\neq 0\}$．

（3）当 $0<a<1$ 时，$a>a^2$，原不等式的解集为 $\{x\,|\,x<a^2\}\cup\{x\,|\,x>a\}$．

（4）当 $a=1$ 时，$a=a^2$，原不等式的解集为 $\{x\,|\,x\in \mathbf{R}\text{ 且 }x\neq 1\}$．

（5）当 $a>1$ 时，$a<a^2$，原不等式的解集为 $\{x\,|\,0<x<a\}\cup\{x\,|\,x>a^2\}$．

分类思想是解决数学问题的一种常用推理方法，它有利于培养和发展学生思维的条理性、缜密性、灵活性，使学习者学会全面地考虑问题，化整为零地解决问题．

<u>不完全归纳推理</u>（也称经验归纳推理）是一种在研究个别事物

后提出带有普遍性结论的推理方法,其结论不一定可靠,可能真可能假,所以不完全归纳推理不能作为数学的严格推理方法.虽然不完全归纳推理具有猜测、想象的成分,常常可能出现错误,但它仍是一个十分有用的创新的思维方法.事实上,数学的发展离不开猜想,不完全归纳推理引出的数学猜想往往成为数学家前进的"航标".例如,"哥德巴赫猜想"就是由不完全归纳推理得出的猜想,它是一个备受瞩目的数学难题.对哥德巴赫猜想的研究不仅是在解决一个数学问题,也推动了数学研究的深入,为密码学的安全性提供了新的契机.

3. 类比推理

类比推理是指根据不同对象的某些方面(如特征、属性、关系等)相同或相似,推断或猜测它们在其他方面也可能具有相同或相似的思维过程.类比推理是一种从特殊到特殊的推理,所得结论的真实性是不确定的,因此它不能作为数学的严格推理方法.例如,若将 $(ab)^n = a^n b^n$ 与 $(a+b)^n$ 进行类比,会得到错误的结论

$$(a+b)^n = a^n + b^n.$$

实际上,

$$(a+b)^n = C_n^0 a^n b^0 + C_n^1 a^{n-1} b^1 + C_n^2 a^{n-2} b^2 + \cdots + C_n^n a^0 b^n$$

$$= \sum_{r=0}^{n} C_n^r a^{n-r} b^r \ (n \in \mathbf{N}_+).$$

即使如此,类比仍是产生数学猜想的一个重要思维方法,许多数学家通过类比获得了灵感,进而提出数学猜想,所以类比推理给人的启示有时是巨大的.例如,古希腊数学家欧几里得(Euclid)曾提出并证明了"素数有无穷多"这一著名的数学命题,后来人们与此作类比提出了种种猜想,其中"孪生素数猜想"就是其中一个.

综上所述,类比推理是一种创造性、启发性较强而可靠性较弱的方法.下面把类比推理在数学中的作用用图 1.5.1 表示.

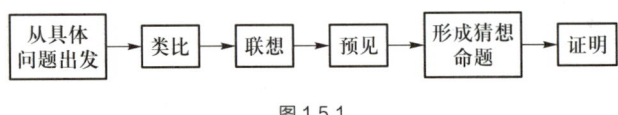

图 1.5.1

讨论题

讨论题参考答案

用不完全归纳推理作为逻辑推理是不严密的，因而在数学证明中并不采用，但科学上的很多发现，往往都是通过观察、分析、归纳、类比与猜想，然后又加以证明或验证得到的．试举例说明．

习题 1

1. 选择题．

（1）若 $a \in \mathbf{R}$，则"$a=2$"是"$(a-1)(a-2)=0$"的（　　）．

　　A. 充要条件　　　　　　　　B. 既不充分又不必要条件

　　C. 必要而不充分条件　　　　D. 充分而不必要条件

（2）推理1：一个三角形，要么是锐角三角形，要么是钝角三角形，要么是直角三角形．这个三角形不是锐角三角形和直角三角形，所以，它是个钝角三角形．

推理2：如果一个数的末位是0，那么这个数能被5整除；这个数的末位是0，所以这个数能被5整除．

推理1和推理2分别为演绎推理的（　　）．

　　A. 三段论和选言推理　　　　B. 关系推理和假言推理

　　C. 选言推理和假言推理　　　D. 三段论和关系推理

（3）小米观察到一只鸟会飞，另一只鸟也会飞，便推理得出"所有鸟都会飞"的一般性结论．试问小米在此采用的推理为（　　）．

　　A. 演绎推理　　B. 归纳推理　　C. 类比推理　　D. 类分法

（4）三段论推理"自然数是整数，4是自然数，所以4是整数"（　　）．

　　A. 不正确，因为两个"自然数"概念不一致

　　B. 推理形式不正确

　　C. 不正确，因为两个"整数"概念不一致

　　D. 完全正确

（5）下列说法中正确的是（　　）．

　　A. 归纳推理是从一般到特殊的推理

　　B. 演绎推理是从一般到一般的推理

C. 类比推理是从特殊到特殊的推理

D. 不完全归纳推理是一种可靠的推理

（6）四个成等差数列的数可分别设为 $a-3d, a-d, a+d, a+3d$，那么下列叙述错误的是（　　）．

A. 四个成等比数列的数可分别设为 $aq^{-3}, aq^{-1}, aq, aq^3$

B. $aq^{-3}, aq^{-1}, aq, aq^3$ 为四个同号的成等比数列的数

C. 四个同号且成等比数列的数可分别设为 $aq^{-3}, aq^{-1}, aq, aq^3$

D. 四个成等比数列的数未必同号

（7）在等差数列 $\{a_n\}$ 中，若 $a_{n-k}=A, a_{n+k}=B(n>k)$，则 $a_n=\dfrac{A+B}{2}$．在等比数列 $\{a_n\}$ 中，下列叙述正确的是（　　）．

A. 若 $a_{n-k}=A, a_{n+k}=B(n>k)$，则 $a_n=\sqrt{AB}$

B. 若 $a_{n-k}=A, a_{n+k}=B(n>k)$，则 $a_n=\pm\sqrt{AB}$

C. 若 $a_{n-2k}=A, a_{n+2k}=B(n>2k)$，则 $a_n=\pm\sqrt{AB}$

D. 若 $a_{n-2k}=A, a_{n+2k}=B(n>2k)$，则 $a_n=\sqrt{AB}$

2. 把下列命题写成"若 p，则 q"的形式，并写出它们的逆命题、否命题和逆否命题．

（1）$60°$ 角的正弦值为 $\dfrac{\sqrt{3}}{2}$；　　（2）小于 -5 的数的平方大于 25．

3. 写出下列命题 s 的否定 $\neg s$，判断 $\neg s$ 的真假并说明原因．

（1）所有的矩形都是平行四边形；（2）每一个素数都是奇数；

（3）$\forall x \in \mathbf{R}, x^2+|x| \geq 0$；　　（4）$\exists x \in \mathbf{R}, x+2>0$；

（5）有的三角形是等边三角形；（6）三角形不都是中心对称图形；

（7）$\exists x \in \{1,2,3,4\}, \dfrac{1}{x} \geq x$；　　（8）$\forall x \in \mathbf{R}, x^2 \geq 0$；

（9）对任意一个正整数 n，存在唯一的一个整数 m，使得 m 和 n 互为相反数．

4. 写出下列命题中条件和结论的逻辑关系．

（1）若 $A: x=\dfrac{\pi}{2}$，则 $B: \sin x=1$；

（2）若 $A: a^2+b^2=0$，则 $B: a=0$ 且 $b=0$；

（3）若 $A: 1<x<2$，则 $B: x<2$；

（4）若 $A:x$ 是 4 的倍数，则 $B:x$ 是 6 的倍数；

（5）若 $A:x^2>4$，则 $B:|x|>2$；

（6）设 $a\in \mathbf{R}$，若 $A:(a-1)(a-2)=0$，则 $B:a=2$；

（7）若 $A:x$ 和 y 满足 $\begin{cases}1<x+y<7,\\ 0<xy<10,\end{cases}$ 则 $B:x$ 和 y 满足 $\begin{cases}0<x<5,\\ 1<y<2.\end{cases}$

5. 求解下列各题．

（1）证明：关于 x 的方程 $ax^2+bx+c=0$ 有一个根为 1 的充要条件是 $a+b+c=0$．

（2）试用演绎推理的"三段论"模式说明命题："菱形的对角线互相平分"的正确性．

（3）平面内一条直线把平面分成两部分；两条相交直线把平面分成四部分，一个交点；三条相交直线最多把平面分成七部分，三个交点．试猜想：n 条相交直线最多把平面分成多少部分？多少个交点？

6. 观察下列各题中所给等式，并求解各题．

（1）$S_1=\dfrac{1}{2}n^2+\dfrac{1}{2}n$，$S_2=\dfrac{1}{3}n^3+\dfrac{1}{2}n^2+\dfrac{1}{6}n$，$S_3=\dfrac{1}{4}n^4+\dfrac{1}{2}n^3+\dfrac{1}{4}n^2$，

$S_4=\dfrac{1}{5}n^5+\dfrac{1}{2}n^4+\dfrac{1}{3}n^3-\dfrac{1}{30}n$，$S_5=An^6+\dfrac{1}{2}n^5+\dfrac{5}{12}n^4+Bn^2$，$\cdots$，

试推测 $A-B$ 的值．

（2）$a+b=1, a^2+b^2=3, a^3+b^3=4, a^4+b^4=7, a^5+b^5=11,\cdots$，试求 $a^{10}+b^{10}$ 的值．

（3）已知 $\sqrt{2+\dfrac{2}{3}}=2\sqrt{\dfrac{2}{3}}, \sqrt{3+\dfrac{3}{8}}=3\sqrt{\dfrac{3}{8}}, \sqrt{4+\dfrac{4}{15}}=4\sqrt{\dfrac{4}{15}},\cdots$，类比这些等式，若 $\sqrt{6+\dfrac{a}{b}}=6\sqrt{\dfrac{a}{b}}$（$a,b$ 均为正实数），求 $a+b$ 的值．

（4）$1=1$，$\qquad\qquad\qquad 1^3=1$，

$1+2=3$，$\qquad\qquad\quad 1^3+2^3=9$，

$1+2+3=6$，$\qquad\qquad 1^3+2^3+3^3=36$，

$1+2+3+4=10$，$\qquad 1^3+2^3+3^3+4^3=100$，

$1+2+3+4+5=15$，$\quad 1^3+2^3+3^3+4^3+5^3=225$，

试用含 n（n 为自然数）的式子来表示 $1^3+2^3+3^3+\cdots+n^3$，并证明该结论．

习题 1 部分 参考答案

第二章 函数的概念与性质

函数是对现实世界中各种变量之间的相互依存关系的一种抽象,它是高等数学研究的基本对象.高等数学中所讨论的函数都是在实数集合上进行的.本章将从集合的基本概念出发,介绍集合的运算与性质、映射与函数、函数的简单性态、函数的运算以及函数的表现形式.

学习目标:

1. 理解集合的概念,掌握集合的运算性质.
2. 理解映射与函数的概念,掌握函数图形的意义.
3. 深刻理解函数的性质,会判断或证明函数的单调性、奇偶性、有界性与周期性.
4. 掌握反函数的定义与性质、函数和反函数的关系以及反函数的求法.
5. 掌握反三角函数的定义、性质、图像.
6. 理解复合函数概念及两个函数能复合的条件,掌握复合函数的复合与分解的方法.
7. 理解分段函数的定义及其表示法,会求解分段函数的反函数以及分段函数的复合函数.
8. 掌握常用的分段函数,比如绝对值函数、符号函数、取整函数、狄利克雷函数等.

2.1 函数的概念

2.1.1 区间与邻域

1. 集合

集合是现代数学中的基本概念之一，也是函数概念的基础．

（1）集合的概念

集合论是德国著名数学家康托尔（Cantor，1845—1918）（图 2.1.1）于 19 世纪末创立的．他所创立的集合论被誉为 20 世纪最伟大的数学创造．在集合概念基础上建立起来的集合论，几乎渗透到数学的每一个分支．那么什么是集合呢？下面我们给出集合的定义．

图 2.1.1 康托尔

定义 1 集合是指具有某种特定性质的对象的总体，通常用大写英文字母 A，B，C，$\cdots$ 表示．集合中的每个对象叫做这个集合的元素，通常用小写字母 a，b，c，$\cdots$ 表示．若对象 a 是集合 A 中的元素，则称元素 a 属于集合 A，记作 $a \in A$；否则称元素 a 不属于 A，记作 $a \notin A$．

如果一个集合只含有有限个元素，则称其为有限集；不是有限集的集合称为无限集．

表 2.1.1 常见数集的符号表示

数集	定义	表示
自然数集	全体自然数组成的集合	**N**
正整数集	全体正整数组成的集合	**N***
整数集	全体整数组成的集合	**Z**
有理数集	全体有理数组成的集合	**Q**
实数集	全体实数组成的集合	**R**

集合的主要表示方法有：列举法和描述法．

例 1 如果将由元素 $0, 1, 2, 3, 4, 5, 6, 7, 8, 9$ 组成的集合记为 A，那么我们可以将其表示成

$$A = \{0, 1, 2, 3, 4, 5, 6, 7, 8, 9\}.$$

这种将集合 A 中所有的元素都一一列举出来的表示方法称为列举法.

通常用 $\{x\,|\,p(x),x\in\mathbf{R}\}$ 这样的形式来表示所有满足命题 $p(x)$ 的实数 x 组成的集合,这种表示集合的方法称为描述法.

例如,$\{x\,|\,x^2+4=8,x\in\mathbf{R}\}$ 表示所有满足等式 $x^2+4=8$ 的实数 x 构成的集合;例 1 中的集合 A 也可以用描述法表示,即

$$A=\{n\,|\,n\text{是小于10的非负整数}\}.$$

需要注意的是,用描述法表示一个集合时,定义该集合所用的命题应当表达出一个确定的属性.例如"个子较高的女学生"不能构成一个集合,因为"个子较高"不是一个确定的属性,可以改为"身高在一米六至一米七之间的女学生".

(2)集合间的关系

定义 2 对于两个集合 A、B,如果集合 A 中任意一个元素都是集合 B 中的元素,则称集合 A 是集合 B 的子集,记作 $A\subseteq B$,读作"A 包含于 B".

如果集合 A,B 满足 $A\subseteq B$ 且 $B\subseteq A$,则称 $A=B$,如图 2.1.2(a)所示.

如果集合 A,B 满足 $A\subseteq B$,且集合 B 中至少有一个元素不属于 A,则称 A 是 B 的一个真子集,记作 $A\subset B$,如图 2.1.2(b)所示.

例如,对集合 $A=\{1,8,9\}$ 和集合 $B=\{1,3,5,8,9\}$,A 是 B 的子集,并且是一个真子集.

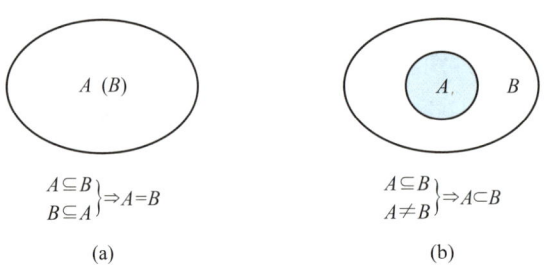

图 2.1.2

空集是不包含任何元素的集合,记为 $\varnothing$.在研究具体问题时,若

考虑的集合总是某个特定集合的子集，则称该特定集合为全集，记做 U.

例如，集合 $\{x \mid x^2+1=0, x \in \mathbf{R}\}$ 就是空集，而 $\mathbf{R}$ 就是全集.

注 1 空集不含任何元素，因此空集是任何集合的有限子集．如果不特别说明，本书涉及的集合是指非空集合．

（3）集合的运算与性质

下面给出并集、交集、差集、补集和直积运算的定义．

定义 3 设 A、B 是两个集合，由属于集合 A 或属于集合 B 的所有元素组成的集合，称为集合 A 与 B 的并集，记作 $A \cup B$（如图 2.1.3（a）阴影部分所示），即

$$A \cup B = \{x \mid x \in A \text{ 或 } x \in B\}.$$

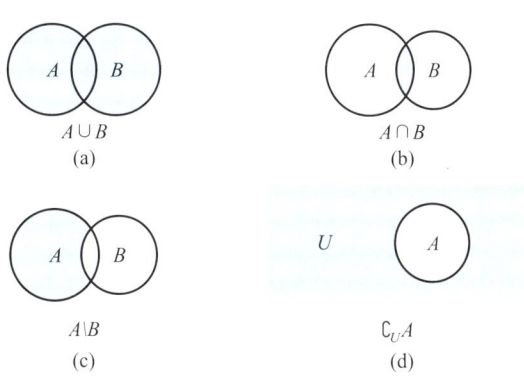

图 2.1.3

由既属于集合 A 又属于集合 B 的所有元素组成的集合，称为集合 A 与 B 的交集，记作 $A \cap B$（如图 2.1.3（b）阴影部分所示），即

$$A \cap B = \{x \mid x \in A \text{ 且 } x \in B\}.$$

由所有属于 A 而不属于 B 的元素组成的集合，称为 A 与 B 的差集，记作 $A \setminus B$（如图 2.1.3（c）阴影部分所示），即

$$A \setminus B = \{x \mid x \in A \text{ 且 } x \notin B\}.$$

例如，$\{1, 2, 3\} \cup \{2, 3, 6\} = \{1, 2, 3, 6\}$，$\{1, 2, 3\} \cap \{2, 3, 6\} = \{2, 3\}$，$\{1, 2, 3\} \setminus \{2, 3, 6\} = \{1\}$.

对于集合 $A \subseteq U$，由全集 U 中不属于集合 A 的所有元素组成的

集合称为集合 A 相对于全集 U 的补集,简称为集合 A 的补集,记作 $\complement_U A$(如图 2.1.3(d)阴影部分所示),即

$$\complement_U A = \{x \mid x \in U \text{ 且 } x \notin A\}.$$

注 2 A 的补集是相对于给定的集合 A 和全集 U($A \subseteq U$)而言的一个概念. 例如,对于集合 $A = \{1,2,5\}$,相对于全集 $U_1 = \{1,2,5,7,8,9\}$ 的补集是 $\complement_{U_1} A = \{7,8,9\}$,而相对于全集 $U_2 = \{1,2,3,4,5,6\}$ 的补集则是 $\complement_{U_2} A = \{3,4,6\}$.

定义 4 设 A、B 是任意两个集合,在集合 A 中任取一个元素 x,在集合 B 中任取一个元素 y,组成一个有序对 (x, y),所有这样的有序对组成的集合称为集合 A 和集合 B 的直积(或笛卡儿积),记为 $A \times B$,即

$$A \times B = \{(x, y) \mid x \in A, y \in B\}.$$

更一般地,如果 $A_i(i=1, 2, \cdots, n)$ 为集合,称

$$\prod_{i=1}^n A_i = A_1 \times A_2 \times \cdots \times A_n = \{(x_1, x_2, \cdots, x_n) \mid x_i \in A_i, i=1, 2, \cdots, n\}$$

为 $\{A_i\}$ 的有限直积(或笛卡儿积). 当所有 A_i 相等时,则上式可简记为 A_i^n.

例如,实数集 $\mathbf{R}$ 和 $\mathbf{R}$ 的直积,记为

$$\mathbf{R}^2 = \mathbf{R} \times \mathbf{R} = \{(x, y) \mid x \in \mathbf{R}, y \in \mathbf{R}\},$$

表示 xOy 坐标平面上全体点的集合.

$$\mathbf{R}^3 = \mathbf{R} \times \mathbf{R} \times \mathbf{R} = \{(x, y, z) \mid x \in \mathbf{R}, y \in \mathbf{R}, z \in \mathbf{R}\}$$

表示 $O\text{-}xyz$ 空间直角坐标中全体点的集合.

例 2 设 $A = \{-1, 1\}$,$B = \{3, 4\}$,则 $A \times B = \{(-1, 3), (-1, 4), (1, 3), (1, 4)\}$.

集合的并、交、补运算具有下列性质:

(1)交换律:$A \cap B = B \cap A$,$A \cup B = B \cup A$.

(2)结合律:$A \cap (B \cap C) = (A \cap B) \cap C$,$A \cup (B \cup C) = (A \cup B) \cup C$.

（3）分配律：$A\cap(B\cup C)=(A\cap B)\cup(A\cap C)$，$A\cup(B\cap C)=(A\cup B)\cap(A\cup C)$.

（4）对偶律（德·摩根(De Morgan)律）：$\complement_U(A\cap B)=(\complement_U A)\cup(\complement_U B)$，$\complement_U(A\cup B)=(\complement_U A)\cap(\complement_U B)$.

以上性质的证明留给读者课后完成.

2. 区间

区间是高等数学中常用的一类特殊数集，以下我们假定 $a,b\in\mathbf{R}$，且 $a<b$.

定义 5 区间是指介于两个实数之间的全体实数构成的集合，包括开区间、闭区间和半开半闭区间，其记号如下：

（1）开区间 $(a,b)=\{x\mid a<x<b\}$（图 2.1.4）；

（2）闭区间 $[a,b]=\{x\mid a\leqslant x\leqslant b\}$（图 2.1.5）；

（3）半开半闭区间 $(a,b]=\{x\mid a<x\leqslant b\}$（图 2.1.6），

$[a,b)=\{x\mid a\leqslant x<b\}$（图 2.1.7）.

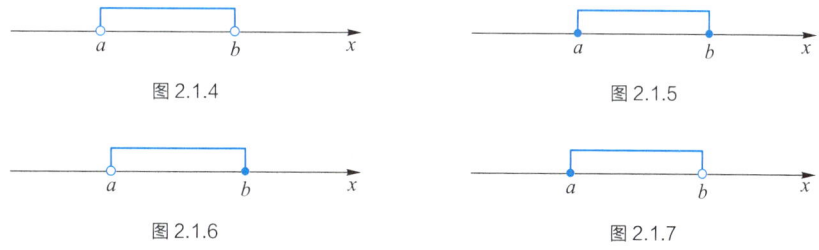

图 2.1.4　　　　图 2.1.5

图 2.1.6　　　　图 2.1.7

数 $b-a$ 称为上述这些区间的长度. 因为 a,b 为有限实数，所以区间 (a,b)，$[a,b]$，$(a,b]$，$[a,b)$ 都称为有限区间，称 a 为上述有限区间的左端点，b 为右端点. 在开区间 (a,b) 中，$a\notin(a,b)$，$b\notin(a,b)$；在闭区间 $[a,b]$ 中，$a\in[a,b]$，$b\in[a,b]$.

若将区间 (a,b)、$(a,b]$ 的左端点 a 延伸至 $-\infty$，或将区间 (a,b)、$[a,b)$ 的右端点 b 延伸至 $+\infty$，则对应的区间就是无限区间，即

$(-\infty,b]=\{x\mid x\leqslant b\}$（图 2.1.8）；

$(-\infty,b)=\{x\mid x<b\}$（图 2.1.9）；

$[a,+\infty)=\{x\mid x\geqslant a\}$（图 2.1.10）；

$(a,+\infty)=\{x\mid x>a\}$（图 2.1.11）；

$(-\infty,+\infty)=\mathbf{R}$，它在几何上对应整个实数轴.

需要说明的是，$-\infty$，$+\infty$ 以及 ∞ 只是一种符号而不是表示一个实数，分别读作"负无穷大""正无穷大""无穷大"，它们不能参与四则运算．

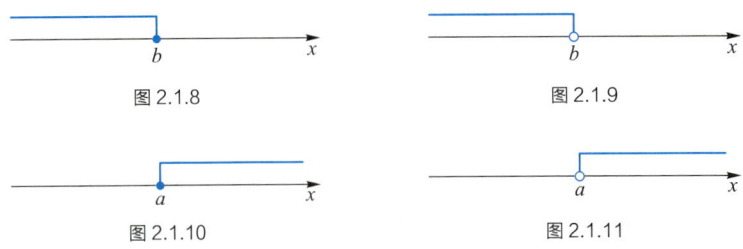

图 2.1.8　　　　　　　　图 2.1.9

图 2.1.10　　　　　　　图 2.1.11

3. 邻域

邻域也是高等数学中常用到的数集．

定义 6　设 $a, \delta \in \mathbf{R}$，其中 $\delta > 0$，数集 $\{x \mid |x-a| < \delta\}$ 称为点 a 的 δ 邻域，记作 $U(a, \delta)$．点 a 称为该邻域的中心，δ 称为该邻域的半径．

邻域 $U(a, \delta)$ 还可以表示为数集

$$U(a, \delta) = \{x \mid a-\delta < x < a+\delta\},$$

它是一个以点 a 为中心，长度等于 2δ 的开区间 $(a-\delta, a+\delta)$．这个集合中所有的点 x 与 a 的距离 $|x-a|$ 都小于 δ，如图 2.1.12（a）所示．

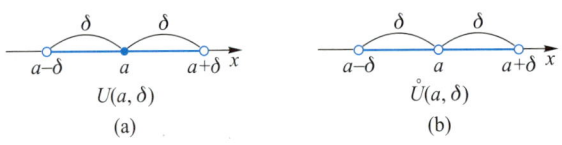

图 2.1.12

从邻域 $U(a, \delta)$ 中去掉中心 a 而得的数集，称为点 a 的去心 δ 邻域，记作 $\mathring{U}(a, \delta)$，如图 2.1.12（b）所示．

去心邻域用数集表示为

$$\mathring{U}(a, \delta) = \{x \mid 0 < |x-a| < \delta\} = (a-\delta, a) \cup (a, a+\delta),$$

其中 $0 < |x-a|$ 表示 $x \neq a$．称其中的开区间 $(a-\delta, a)$ 为 a 的左 δ 邻域，开区间 $(a, a+\delta)$ 为 a 的右 δ 邻域．

2.1.2 映射与函数

1. 映射

映射反映事物之间"一对一"或"多对一"的依赖关系. 例如我们在电影院看电影时, 同场次的电影票都对应了一个放映厅, 而且每张电影票都对应了一个座位号. 从这个例子可以看到, 电影票与放映厅、电影票与座位号分别确定了两个对应关系. 其中, 电影票与放映厅的对应是"多对一"的关系, 而电影票和座位号的对应是"一对一"的关系, 这种对应关系就是下面要研究的映射.

定义7 设 X、Y 是两个非空集合, 如果存在一个法则 f, 使得对 X 中的每个元素 x, 按法则 f 在 Y 中都有唯一确定的元素 y 与之对应, 则称 f 为从 X 到 Y 的映射, 记作

$$f: X \to Y.$$

其中 y 称为元素 x (在映射 f 下) 的像, 并记作 $f(x)$, 即 $y = f(x)$. 同时把元素 x 称为元素 y (在映射 f 下) 的一个原像. 集合 X 称为映射 f 的定义域, 记作 D_f, 即 $D_f = X$. X 中所有元素的像所组成的集合称为映射 f 的值域, 记作 R_f 或 $f(X)$, 即

$$R_f = f(X) = \{f(x) | x \in X\}.$$

值得注意的是:

(1) 映射必须具备三个要素——定义域、值域、对应法则;

(2) 元素 x 的像 y 是唯一的, 但 y 的原像不一定是唯一的;

(3) 值域 R_f 是 Y 的一个子集, 即 $R_f \subseteq Y$, 但并不一定有 $R_f = Y$.

在定义7中, 若 $f(X) = Y$, 则称 f 为 X 到 Y 上的满射 (如图 2.1.13 所示), 即 Y 中任一元素 y 都是 X 中某元素的像.

对任意 $x_1, x_2 \in X$, 当 $x_1 \neq x_2$ 时, 有 $f(x_1) \neq f(x_2)$, 则称 f 为 X 到 Y 上的单射, 如图 2.1.14 所示.

若 f 既是单射又是满射, 则称 f 为双射或一一映射.

例如, 设 $f: \mathbf{R} \to \mathbf{R}$, 对任意 $x \in \mathbf{R}$, 由于 $f(x) = 3x$ 既是单射也是满射, 因此是一一映射; 但 $f(x) = |x| + 1$ 既非单射又非满射.

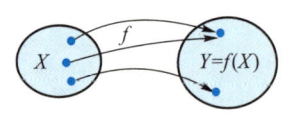
图 2.1.13
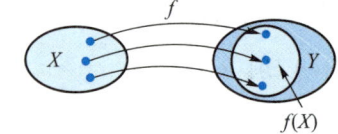
图 2.1.14

2. 函数

如果令定义 7 中的集合 X 和 Y 分别取为数集，例如 $X = D \subseteq \mathbf{R}$，$Y = \mathbf{R}$，则定义 7 中的映射 f 即为我们要研究的函数，其叙述如下：

定义 8 设 $D \subseteq \mathbf{R}$ 为非空数集，则称映射 $f: D \to \mathbf{R}$ 为定义在 D 上的函数，记为

$$y = f(x), \quad x \in D.$$

显然函数是特殊的映射，映射是函数的推广。

函数是数学中最重要的概念之一，纵观 300 多年来函数概念的发展，众多数学家从集合、代数等角度不断赋予函数概念以新的思想，从而推动了整个数学的发展。函数概念就是对运动变化过程中各种量与量的依赖关系的抽象描述，它刻画了运动变化中量之间的相互依存关系。

下面我们再按照狄利克雷（Dirichlet）的观点（见阅读材料 1）给出一元函数的定义。

定义 8′ 设 $D \subseteq \mathbf{R}$ 为非空数集，对于 D 中的每个数 x，依某一对应法则 f 都有唯一确定的实数 y 与之对应，则称这个对应法则 f 为定义在 D 上的一元函数，记作

$$y = f(x), \quad x \in D. \tag{2.1.1}$$

阅读材料 1
函数的定义

称（2.1.1）式中的变量 x 为 自变量，变量 y 为 函数（或 因变量）；称 x 的取值范围 D 为函数 f 的 定义域，也可记为 D_f。

当自变量 x 取遍 D 的所有数值时，对应的函数值 $f(x)$ 的全体构成的集合称为函数 f 的 值域，记为 R_f 或 $f(D)$，即

$$R_f = f(D) = \{y \mid y = f(x), x \in D\}.$$

注 3 按照定义 8′ 的叙述，f 与 $f(x)$ 的含义是有区别的，f 表示自变量 x 与因变量 y 的对应法则（或关系），而 $f(x)$ 则是与自变量 x

对应的函数值.因此对于任意的 x,$f(x)$ 是一个数值,但为方便起见,我们习惯称 $y=f(x)$(或 $f(x)$)为函数,这样尽管有失原意,但一般不会引起混淆.

为了便于理解,常常从几何角度直观地研究函数,下面给出函数图像的定义.

定义 9 在平面直角坐标系下,称点集 $\{(x,y)\mid y=f(x),x\in D\}$ 为函数 $y=f(x)$ 的图像.函数的图像一般为平面上的一条曲线,如图 2.1.15 所示.

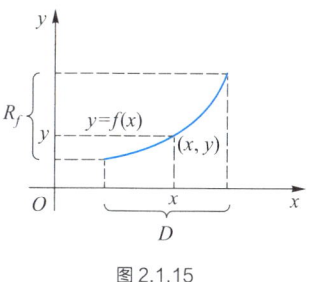

图 2.1.15

在高等数学的学习中,我们常常借助函数图形的直观性来帮助我们理解抽象概念和性质.

类似地可给出二元函数的定义.

定义 10 设 x,y,z 为三个变量,非空点集 $D\subseteq\mathbf{R}^2$,对于 D 中的每一个有序数对 (x,y),依某一对应法则 f 都有唯一确定的实数 z 与之对应,则称 z 是变量 x,y 的二元函数,记为

$$z=f(x,y),\quad (x,y)\in D,$$

称变量 x,y 为自变量,变量 z 为函数(或因变量).

读者可类似地给出三元及三元以上的函数定义.

二元及二元以上的函数统称为多元函数.

从函数的定义易知,确定一个函数的两个基本要素是定义域和对应法则.如果两个函数的定义域相同,对应法则也相同,那么不论用什么函数记号,我们都称这两个函数是相等的,或称它们是同一个函数.否则它们就是两个不同的函数.例如,$y=\sqrt{x^2}$ 与 $y=|x|$,$s=\sqrt{t^2}$ 均为同一函数;但 $f(x)=\sqrt{(1-x)^2}=|1-x|$ 与 $\varphi(x)=1-x$ 却

是不同的函数，这是因为当 $x>1$ 时，$f(x) \neq \varphi(x)$.

函数可以用表格法、图像法、解析法（公式法）等多种形式表示．其中表格法一目了然，图像法（参见定义 9）形象、直观，解析法便于计算和推导．视情况的不同，我们选择不同的表示法表示函数，也可以将多种方法结合起来使用，便于对问题的认识、分析和解决．本书主要运用解析法表示函数，即由一个解析表达式给出函数，其中的表达式总是涉及一定的数学运算，函数的定义域就是由那些能使有关的运算得以成立的实数构成的集合．下面给出求函数定义域的一些原则：

① 偶次根式的函数，其根号下的值非负；

② 分式函数，分母的值不能为零；

③ 有限个函数的四则运算得到的新的函数，其定义域为这有限个函数定义域的交集；

④ 对数函数的真数值必须是正数；

⑤ 对有实际背景的函数，应根据实际背景中的变量的实际意义确定．

例3 求函数 $f(x) = \dfrac{\lg(3-x)}{\sin x} + \sqrt{5+4x-x^2}$ 的定义域．

解 要使函数 $f(x)$ 有意义，必须有

$$\begin{cases} 3-x > 0, \\ \sin x \neq 0, \\ 5+4x-x^2 \geq 0, \end{cases}$$

即

$$\begin{cases} x < 3, \\ x \neq n\pi \ (n \in \mathbf{Z}), \\ -1 \leq x \leq 5, \end{cases}$$

所以函数 $f(x)$ 的定义域为 $D_f = \{x \mid -1 \leq x < 3, \ x \neq 0\} = [-1, 0) \cup (0, 3)$.

注4 在用解析法表示函数时，给出了具体的解析式的函数称为**具体函数**；没有给出具体解析式，只给出函数满足的特殊条件或体现函数特征的函数称为**抽象函数**，一般形式为 $y = f(x)$, $x \in D_f$,

有时还附有变量 x, y 的取值范围,例如, $y = f(3x+2), x > 0, y > 0$. 抽象函数表现形式的抽象性使其成为函数内容的难点之一. 在数学学习中,我们要善于通过对函数的特征或满足条件进行观察、分析、类比和联想,寻找其具体的函数模型,再由具体函数模型的图像和性质来指导我们解决抽象函数问题,这将有助于培养我们的思维能力.

讨论题

1. 你是如何理解 $A \nsubseteq B$ 与 $x \notin A \cup B$ 的?

2. 在集合的运算性质中有 $A \cup B = B \cup A$ 成立,那么对于直积是否也有 $A \times B = B \times A$ 成立?请说明理由.

3. 在邻域的定义 $\{x \mid |x-a| < \delta\}$ 中,其中 $\delta > 0$,试说明

(1) δ 为什么不能等于 0?

(2) 邻域能否定义为 $\{x \mid |x-a| \leq \delta\}$?

讨论题参考答案

2.2 函数的性质

为了研究函数的变化规律,我们需要考察它的一些特殊属性. 例如函数的单调性、有界性、奇偶性、周期性等,它们都和函数图形的特性有关.

2.2.1 函数的单调性

定义 11 设函数 $y = f(x)$ 的定义域为 D_f,区间 $I \subseteq D_f$,如果对区间 I 中的任意两个实数 x_1 与 x_2,当 $x_1 < x_2$ 时,恒有

$$f(x_1) \leq f(x_2) \text{ (或 } f(x_1) \geq f(x_2) \text{)},$$

则称函数 $f(x)$ 是 I 上的<u>单调增加函数</u>(或<u>单调减少函数</u>),也称函数 $f(x)$ 在 I 上<u>单调增加</u>(或<u>单调减少</u>). 有时我们还称单调增加函数为单调不减函数,称单调减少函数为单调不增函数.

如果对 I 中的任意 x_1 与 x_2, 当 $x_1 < x_2$ 时, 恒有

$$f(x_1) < f(x_2) \text{（或} f(x_1) > f(x_2) \text{）},$$

则称函数 $f(x)$ 在 I 上严格单调增加（或严格单调减少）.

单调增加函数和单调减少函数统称为单调函数, 严格单调增加函数和严格单调减少函数统称为严格单调函数.

对于有些非单调函数 $y = f(x)$ $(x \in D_f)$, 若能将其定义域 D_f 划分为若干个不相交的子区间, 且函数 $f(x)$ 在这些区间上是单调的, 则称这些区间为单调区间.

例如, $y = x^2$ 在区间 $(-\infty, +\infty)$ 内不是单调的, 但在区间 $[0, +\infty)$ 内是单调增加的, 在区间 $(-\infty, 0)$ 内是单调减少的, 则称 $(-\infty, 0)$, $[0, +\infty)$ 为函数 $y = x^2$ 的单调区间.

2.2.2 函数的有界性

定义 12 设函数 $y = f(x)$ 的定义域为 D_f, 区间 $I \subseteq D_f$. 如果存在数 K_2, 对任意 $x \in I$, 恒有 $f(x) \leq K_2$, 则称函数 $f(x)$ 在 I 上有上界; 如果存在数 K_1, 对任意 $x \in I$, 恒有 $f(x) \geq K_1$, 则称函数 $f(x)$ 在 I 上有下界.

如果 $f(x)$ 在 I 上既有上界又有下界, 则称 $f(x)$ 在 I 上有界. 即存在数 K_1, K_2, 且 $K_1 \leq K_2$, 对任意 $x \in I$, 恒有

$$K_1 \leq f(x) \leq K_2.$$

特别地, 当 $K_1 = K_2$ 时, 函数 $f(x)$ 为常数函数.

函数 $f(x)$ 在区间 I 上有界的几何意义: $K_1 \leq f(x) \leq K_2$ 表示函数 $f(x)$ 在 I 上对应的图像位于两条与 x 轴平行的直线 $y = K_2$ 和 $y = K_1$ 之间, 如图 2.2.1 所示.

在定义 12 中, 取 $M = \max\{|K_1|, |K_2|\}$, 可以推得如下性质.

性质 函数 $f(x)$ 在区间 I 上有界的充要条件是存在正数 M, 对任意 $x \in I$, 恒有

$$|f(x)| \leq M.$$

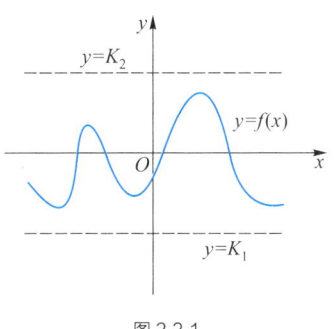

图 2.2.1

如果性质中的 M 不存在，则称函数 $f(x)$ 在 I 上无界，即对任意的正数 M，总存在 $x_0 \in I$，使 $|f(x_0)| > M$.

例1 判断 $f(x) = \dfrac{1}{x}$ 在区间 $(0, 1)$ 上的有界性.

分析 如图 2.2.2 所示，函数 $f(x) = \dfrac{1}{x}$ 在 $(0, 1)$ 内对应的曲线并没有夹在两条平行直线之间，由此表明函数 $f(x) = \dfrac{1}{x}$ 在 $(0, 1)$ 内无界.

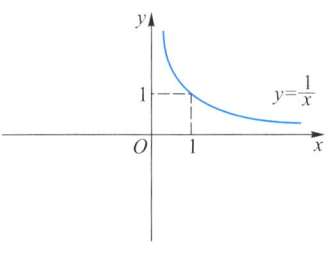

图 2.2.2

解 设 M 为任意的正数，取 $x_0 = \dfrac{1}{1+M}$，则有

$$0 < x_0 < 1 \text{ 且 } f(x_0) = 1+M > M,$$

即对任意的正数 M，总存在 $x_0 \in X$，使得

$$|f(x_0)| = 1+M > M,$$

故 $f(x)$ 在 $(0, 1)$ 内无界.

例2 判断 $f(x) = \sin x$ 的有界性.

解 因为对任意的 $x \in (-\infty, +\infty)$，有

$$|\sin x| \leqslant 1,$$

所以 $f(x)$ 在 $(-\infty, +\infty)$ 内是有界的.

2.2.3 函数的奇偶性

定义 13 设函数 $f(x)$ 的定义域 D_f 关于坐标原点对称，若对于任意 $x \in D_f$，恒有 $f(-x) = f(x)$，则称 $f(x)$ 为偶函数；如果对任意 $x \in D_f$，恒有 $f(-x) = -f(x)$，则称 $f(x)$ 为奇函数．

偶函数的图像关于 y 轴对称．这是因为，若 $f(x)$ 是偶函数，则 $f(-x) = f(x)$，所以如果 $A(x, f(x))$ 是图像上的点，那么它关于 y 轴对称的点 $A'(-x, f(x))$ 也在图像上，如图 2.2.3 所示．

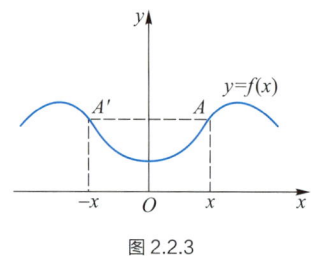

图 2.2.3

奇函数的图像关于坐标原点对称．这是因为，若 $f(x)$ 是奇函数，则 $f(-x) = -f(x)$，所以如果 $A(x, f(x))$ 是图像上的点，则与它关于坐标原点对称的点 $A''(-x, -f(x))$ 也在图像上，如图 2.2.4 所示．

如果奇函数在 $x = 0$ 处有定义，那么 $f(0) = 0$，如图 2.2.4 所示．

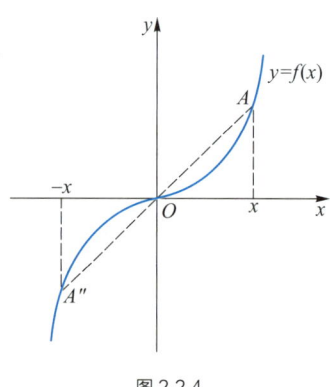

图 2.2.4

例 3 判断下列函数的奇偶性：

（1）$f(x) = \ln(x + \sqrt{1 + x^2})$； （2）$f(x) = 2^x - 2$．

解 （1）因为已知函数的定义域 $(-\infty, +\infty)$ 为对称区间，且

$$f(-x) = \ln\left(-x + \sqrt{1 + (-x)^2}\right) = \ln\left(\sqrt{1 + x^2} - x\right)$$

$$= \ln \frac{\left(\sqrt{1+x^2}-x\right)\left(\sqrt{1+x^2}+x\right)}{\sqrt{1+x^2}+x} = \ln \frac{1}{x+\sqrt{1+x^2}} = -f(x),$$

所以 $f(x)$ 为奇函数.

（2）虽然函数的定义域 $(-\infty, +\infty)$ 为对称区间，但

$$f(-1) = 2^{-1} - 2 = -1.5, \quad f(1) = 2^1 - 2 = 0,$$

所以

$$f(-1) \neq f(1) \text{ 且 } f(-1) \neq -f(1),$$

从而 $f(x)$ 既不是奇函数也不是偶函数.

2.2.4 函数的周期性

定义 14 设函数 $f(x)$ 的定义域为 D_f，如果存在一个常数 $T > 0$，使得对任意 $x \in D_f$，恒有 $(x \pm T) \in D_f$，且 $f(x \pm T) = f(x)$ 恒成立，那么称 $f(x)$ 为<u>周期函数</u>，T 称为 $f(x)$ 的一个<u>周期</u>.

一般地，如果 T 是 $f(x)$ 的一个周期，则 nT 也是 $f(x)$ 的周期（n 为正整数），因此周期函数有无穷多个周期. 在周期函数 $f(x)$ 的所有周期中，若存在最小正数 T，则称 T 为 $f(x)$ 的<u>最小正周期</u>.

周期函数的周期通常指的是最小正周期. 例如，函数 $\sin x$ 与 $\cos x$ 都是以 2π 为周期的周期函数. 函数 $\tan x$ 与 $\cot x$ 都是以 π 为周期的周期函数；函数 $y = A\sin(\omega x + \varphi) + B$ 与 $y = A\cos(\omega x + \varphi) + B$ 的周期公式为 $T = \dfrac{2\pi}{|\omega|}$，函数 $y = A\tan(\omega x + \varphi) + B$ 与 $y = A\cot(\omega x + \varphi) + B$ 的周期公式为 $T = \dfrac{\pi}{|\omega|}$.

但周期函数不一定有最小正周期. 例如，$f(x) = C$（C 是常数）是周期函数，但没有最小正周期.

例 4 求函数 $y = \sin \dfrac{2}{3} x$ 的周期.

解 因为 $\sin \dfrac{2}{3}x = \sin\left(\dfrac{2}{3}x + 2\pi\right) = \sin \dfrac{2}{3}(x + 3\pi)$，所以当自变量由 x 增加到 $x + 3\pi$ 时，函数值重复出现，从而函数 $y = \sin \dfrac{2}{3}x$ 的周期是 3π.

注 此例可以直接用公式求解，得 $T = \dfrac{2\pi}{|\omega|} = \dfrac{2\pi}{\frac{2}{3}} = 3\pi$.

讨论题

已知 $f(x)$ 在 $(-a, a)$ 上的奇偶性和 $f(x)$ 在 $(-a, 0)$ 上的单调性，试说明 $f(x)$ 在 $(0, a)$ 上的单调性.

讨论题参考答案

2.3 函数的运算

实际问题中变量之间的关系是多样的，也是复杂的．但我们可以通过函数的运算，利用简单函数来讨论复杂函数．函数的运算主要包括函数的四则运算、复合运算和反函数运算，其中函数的四则运算是大家已经熟知的了，因而本节主要讨论函数的复合运算和反函数运算．

2.3.1 函数的四则运算

设函数 $f(x), \varphi(x)$ 的定义域分别为 D_f, D_φ，且 $D = D_f \cap D_\varphi \neq \varnothing$，则这两个函数的四则运算定义如下．

函数的和（差）$f \pm \varphi$：$(f \pm \varphi)(x) = f(x) \pm \varphi(x), x \in D.$

函数的积 $f \cdot \varphi$：$(f \cdot \varphi)(x) = f(x)\varphi(x), x \in D.$

函数的商 $\dfrac{f}{\varphi}$：$\left(\dfrac{f}{\varphi}\right)(x) = \dfrac{f(x)}{\varphi(x)}, x \in D \setminus \{x \mid \varphi(x) = 0\}.$

2.3.2 求反函数运算

在数学中，经常会用到一种非常重要的运算——求一个函数的反函数．例如，对数函数的反函数是指数函数，三角函数的反函数为反三角函数．

1. 反函数的概念

我们知道函数关系的实质是描述变量之间相互依赖的关系．但在研究过程中，哪些变量是自变量，哪些变量是因变量并非绝对的，有时会依据实际问题的需要来决定．

例如，设某种商品的单价为 P，销售量为 Q，则销售收入 R 可用 Q 表示为

$$R = PQ, \qquad (2.3.1)$$

其中 Q 是自变量，R 为因变量（函数）．

若已知销售收入为 R，则销售量 Q 可用 R 表示为

$$Q = \frac{R}{P}, \qquad (2.3.2)$$

其中 R 是自变量，Q 是因变量（函数）．

（2.3.1）式和（2.3.2）式虽是同一关系的两种写法，但从函数的定义来看，它们的对应法则不同，所以是不同的函数，我们常称它们互为反函数并把从（2.3.1）式解出（2.3.2）式的过程称为求逆运算或求反函数运算．下面给出反函数的定义．

定义 15 设函数 $y = f(x)$ 的定义域为 D_f，值域为 R_f．如果对于值域 R_f 中的任意数值 y，经 f 返回定义域 D_f 中，都有唯一确定的数值 x 与之相对应，那么称这种对应关系所确定的新函数为函数 $y = f(x)$ 的反函数，记为 $x = \varphi(y)$，或 $x = f^{-1}(y)$．

习惯上，我们常把 x 作为自变量，y 作为因变量，因此我们常将 $y = f(x)$ 的反函数 $x = f^{-1}(y)$ 中的变量 x、y 互换，记为

$$y = f^{-1}(x), \; x \in R_f.$$

相对于反函数 $y = f^{-1}(x)$ 来说，原来的函数 $y = f(x)$ 称为直接函数．函数 $y = f(x)$ 与其反函数 $y = f^{-1}(x)$ 是互为反函数的．例如，指数函数 $y = a^x$ 和对数函数 $y = \log_a x$ 互为反函数．

2. 反函数的性质

由于函数 $y = f(x)$ 和 $x = f^{-1}(y)$ 是同一种关系的两种记法，所以它们对应的几何图像是同一条曲线，从而曲线 $y = f(x)$ 上任意一点 $M(x, y)$ 仍然在曲线 $x = f^{-1}(y)$（称为定义上的反函数）上．既然函数 $y = f^{-1}(x)$ 是将函数 $x = f^{-1}(y)$ 中的变量 x, y 互换了，那么对应

于 $M(x, y)$ 的坐标就变为 (y, x) 了，将其记为 $M'(y, x)$，且点 $M'(y, x)$ 在曲线 $y = f^{-1}(x)$ 上．可以证明 $M(x, y)$ 和 $M'(y, x)$ 是关于直线 $y = x$ 对称的（如图 2.3.1），这就说明函数 $y = f(x)$ 的图像和它的反函数 $y = f^{-1}(x)$ 的图像关于直线 $y = x$ 对称．

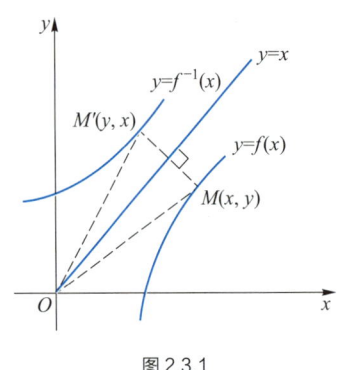

图 2.3.1

性质 1 函数 $y = f(x)$ 的图像和它的反函数的图像关于直线 $y = x$ 对称．

性质 2 函数 $f(x)$ 的定义域是其反函数的值域，函数 $f(x)$ 的值域是其反函数的定义域．

例如，函数 $y = \sqrt{x-1}$ 的定义域为 $\{x \mid x \geq 1\}$，值域为 $\{y \mid y \geq 0\}$．其反函数 $y = x^2 + 1$ 的定义域为 $\{x \mid x \geq 0\}$，值域为 $\{y \mid y \geq 1\}$．

性质 3（反函数存在定理） 函数 $y = f(x)$ 在区间 I 上严格单调增加（或严格单调减少），则 f 必有反函数 f^{-1}，且 f^{-1} 在其定义域 $f(I)$ 上与 f 具有相同的单调性．

证 先证反函数的存在性．不妨设 f 在 I 上严格单调增加，则对任意 $y \in f(I)$，有 $x \in I$，使 $f(x) = y$．

下证 x 的唯一性．假设对于 I 内任意 $x_1 (\neq x)$，由 f 在 I 上严格单调增加知，当 $x_1 < x$ 时，$f(x_1) < y$；当 $x_1 > x$ 时，$f(x_1) > y$，即 $f(x_1) \neq y$．这说明，对任意 $y \in f(I)$，都只存在唯一的一个 $x \in I$ 使 $f(x) = y$．从而函数 f 存在反函数 $x = f^{-1}(y)$，$y \in f(I)$．

再证反函数 f^{-1} 在 $f(I)$ 上也是严格单调增加的．任取 $y_1, y_2 \in f(I)$ 且 $y_1 < y_2$，令 $x_1 = f^{-1}(y_1)$，$x_2 = f^{-1}(y_2)$，则 $y_1 = f(x_1)$，$y_2 = f(x_2)$．由 $y_1 < y_2$ 及 f 在 I 上严格单调增加，有 $x_1 < x_2$，即 $f^{-1}(y_1) < f^{-1}(y_2)$，所

以反函数 f^{-1} 也是严格单调增加的.

严格单调减少的情况也可类似证明.

性质 4 若奇函数 $y=f(x), x\in D_f$ 存在反函数,则其反函数 $y=f^{-1}(x), x\in R_f$ 也为奇函数.

证 由奇函数的定义知

$$f(-x)=-f(x)=-y, x\in D_f,$$

则由反函数的定义知

$$-x=f^{-1}(-y).$$

再由 $y=f(x)$ 解得 $x=f^{-1}(y)$,并代入上式,得

$$f^{-1}(-y)=-f^{-1}(y), y\in R_f,$$

即奇函数的反函数也是奇函数.

性质 5 若函数 $y=f(x)$ 在 D_f 上存在反函数 $y=f^{-1}(x), x\in R_f$, 则对任意的 $x\in D_f$, 恒有 $f^{-1}[f(x)]=x$; 对任意的 $x\in R_f$, 恒有 $f[f^{-1}(x)]=x$.

证 $\forall x\in D_f$, 由函数的定义知, $y=f(x)\in R_f$. 再由反函数的定义知, $x=f^{-1}(y)=f^{-1}[f(x)]$. 同理可证, $f[f^{-1}(x)]=x, x\in R_f$.

例 1 判断函数 $f(x)=\dfrac{e^x-e^{-x}}{2}$ 的反函数的奇偶性及其在 $(0,+\infty)$ 上的单调性.

解 对任意的 $x\in(-\infty,+\infty)$, 有

$$f(-x)=\frac{e^{-x}-e^x}{2}=-\frac{e^x-e^{-x}}{2}=-f(x),$$

所以直接函数是奇函数. 由性质 4 可知,其反函数也是奇函数.

下面来讨论直接函数在 $(0,+\infty)$ 上的单调性.

设 $x_1<x_2$, 且 $x_1, x_2\in(0,+\infty)$, 则有 $e^{x_1}<e^{x_2}$ 和 $e^{-x_1}>e^{-x_2}$, 从而

$$f(x_1)-f(x_2)=\frac{e^{x_1}-e^{-x_1}}{2}-\frac{e^{x_2}-e^{-x_2}}{2}=\frac{(e^{x_1}-e^{x_2})-(e^{-x_1}-e^{-x_2})}{2}<0.$$

所以直接函数在 $(0,+\infty)$ 上是增函数. 由性质 3 可知,直接函数

的反函数在 $(0, +\infty)$ 上也是增函数.

注1 （1）不是所有的函数在其定义域内都有反函数，例如，函数 $y = x^2$, $x \in \mathbf{R}$ 没有反函数，但在 $(-\infty, 0)$ 或 $[0, +\infty)$ 内分别存在反函数 $y = -\sqrt{x}$ 及 $y = \sqrt{x}$.

（2）严格单调是反函数存在的充分条件，而不是必要条件，即有反函数的函数不一定严格单调. 例如，函数 $y = \dfrac{1}{x}$ 在其定义域内不是严格单调的，但却有反函数 $y = \dfrac{1}{x}, x \neq 0$.

3. 反函数的求解

根据反函数的定义，求反函数的步骤分为以下三步.

（1）反解. 将 $y = f(x)$ 看成关于 x 的方程，反解出 $x = f^{-1}(y)$. 如果求出的 x 不唯一，需根据条件中给定的 x 的范围取舍，只能保留一个 x 值.

（2）交换. 交换 x, y 得 $y = f^{-1}(x)$.

（3）写出反函数的定义域. 反函数的定义域就是直接函数的值域.

例2 求函数 $y = x^2 - 1 (x > 0)$ 的反函数.

解 由 $y = x^2 - 1$，得 $x^2 = y + 1$，从而 $x = \pm\sqrt{y+1}$. 又因为 $x > 0$，则取 $x = \sqrt{y+1}$，最后互换 x, y 即得所求反函数

$$y = \sqrt{x+1}, \; x > -1.$$

例3 若点 $(1, 2)$ 既在函数 $y = f(x) = \sqrt{ax + b}$ 的图像上，又在其反函数的图像上，求 $f^{-1}(4)$.

解 由 $y = \sqrt{ax+b}$ 反解出 x，得 $x = \dfrac{1}{a}(y^2 - b)$. 再将 x, y 互换，得其反函数为

$$f^{-1}(x) = \dfrac{1}{a}(x^2 - b).$$

将点 $(1, 2)$ 分别代入函数和反函数的表达式，得方程组

$$\begin{cases} \sqrt{a+b} = 2, \\ \dfrac{1}{a}(1-b) = 2. \end{cases}$$

解上述方程组，得 $a = -3, b = 7$. 故反函数为

$$f^{-1}(x) = -\frac{1}{3}(x^2 - 7),$$

从而 $f^{-1}(4) = -3$.

4. 反三角函数

（1）反正弦函数

在初等数学里，我们学习了三角函数，那么三角函数在其定义域 **R** 上有反函数吗？下面以正弦函数 $y = \sin x$，$x \in \mathbf{R}$ 为例，说明如何定义三角函数的反函数.

正弦函数 $y = \sin x$ 的定义域为 **R**，值域为 $[-1, 1]$，其几何图形如图 2.3.2 所示. 因为对于任意正弦值 $y \in [-1, 1]$ 都有无数个角值 $x \in (-\infty, +\infty)$ 与之对应，即正弦函数的自变量与因变量是多对一的，所以正弦函数在 **R** 内不存在反函数.

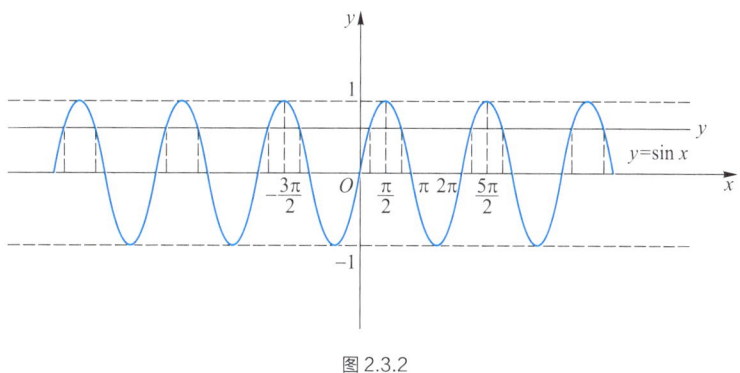

图 2.3.2

虽然正弦函数不存在反函数，但如果将它的自变量 x 取值限制在某个严格单调区间上，那么此时的正弦函数就有反函数了. 但是正弦函数 $y = \sin x$，$x \in \mathbf{R}$ 有无数个严格单调区间，我们应该选取哪个区间呢？

下面给出正弦函数单调区间选取的原则：

① 在这个区间内，x 与 y 应当是一一对应的；

② $y = \sin x$ 能取到 $[-1, 1]$ 内的一切函数值.

根据上述原则，我们可以选取单调区间 $\left[-\frac{\pi}{2}, \frac{\pi}{2}\right]$，或 $\left[\frac{\pi}{2}, \frac{3\pi}{2}\right]$，或 $\left[-\frac{3\pi}{2}, -\frac{\pi}{2}\right]$……但考虑到区间 $\left[-\frac{\pi}{2}, \frac{\pi}{2}\right]$ 内不仅包含了所有正锐角

和零角，而且在 $\left[-\dfrac{\pi}{2}, \dfrac{\pi}{2}\right]$ 上的正弦函数图像关于原点对称，便于判断它的奇偶性，能够反映函数及其反函数的全貌．所以我们常常将正弦函数的自变量 x 取值限制在区间 $\left[-\dfrac{\pi}{2}, \dfrac{\pi}{2}\right]$ 上，下面我们给出反正弦函数的定义．

定义 16 称函数 $y = \sin x$，$x \in \left[-\dfrac{\pi}{2}, \dfrac{\pi}{2}\right]$ 的反函数为 反正弦函数，记作

$$y = \arcsin x.$$

反正弦函数 $y = \arcsin x$ 的定义域为 $[-1, 1]$，值域为 $\left[-\dfrac{\pi}{2}, \dfrac{\pi}{2}\right]$．

由定义 16 易知：

① 记号 $\arcsin x$ 表示一个角值，且 $\arcsin x \in \left[-\dfrac{\pi}{2}, \dfrac{\pi}{2}\right]$；

② $\arcsin x = \theta$ 等价于 $\sin \theta = x$，$\theta \in \left[-\dfrac{\pi}{2}, \dfrac{\pi}{2}\right]$．

保留 $y = \sin x$ 在区间 $\left[-\dfrac{\pi}{2}, \dfrac{\pi}{2}\right]$ 上的一段曲线，并描绘出它关于直线 $y = x$ 对称的相应曲线，如图 2.3.3 所示．蓝线部分即为反正弦函数 $y = \arcsin x$，$x \in [-1, 1]$ 的几何图像．

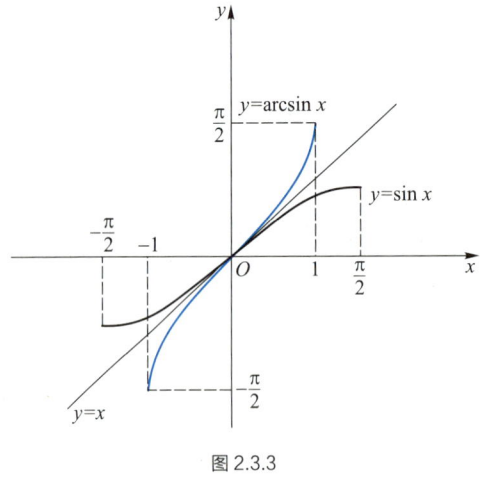

图 2.3.3

由反函数的性质 3 和性质 4，易推证反正弦函数具有如下性质：

① 反正弦函数 $y = \arcsin x$，$x \in [-1, 1]$ 是严格单调增加函数；

② 反正弦函数 $y = \arcsin x$，$x \in [-1, 1]$ 是奇函数，即

$$\arcsin(-x) = -\arcsin x.$$

例4 求下列反正弦函数的值.

（1）$\arcsin 1$；（2）$\arcsin \dfrac{\sqrt{3}}{2}$；（3）$\arcsin\left(-\dfrac{1}{2}\right)$.

解 （1）因为 $\arcsin x = \theta$ 等价于
$$\sin\theta = x,\ \theta \in \left[-\dfrac{\pi}{2},\ \dfrac{\pi}{2}\right],$$
且 $\sin\dfrac{\pi}{2}=1$，所以 $\arcsin 1 = \dfrac{\pi}{2}$.

（2）因为 $\sin\dfrac{\pi}{3} = \dfrac{\sqrt{3}}{2}$，所以 $\arcsin\dfrac{\sqrt{3}}{2} = \dfrac{\pi}{3}$.

（3）因为 $\sin\left(-\dfrac{\pi}{6}\right) = -\dfrac{1}{2}$，所以 $\arcsin\left(-\dfrac{1}{2}\right) = -\dfrac{\pi}{6}$.

利用反函数的性质 5，易得反正弦函数满足

① $\sin(\arcsin x) = x,\ x \in [-1,\ 1]$；

② $\arcsin(\sin x) = x,\ x \in \left[-\dfrac{\pi}{2},\ \dfrac{\pi}{2}\right]$.

注2 （1）若 $x \notin [-1,\ 1]$，记号 $\arcsin x$ 无意义. 例如 $\arcsin\sqrt{2}$ 和 $\arcsin(x^2+2)$ 就无意义.

（2）等式 $\arcsin(\sin x) = x,\ x \in \left[-\dfrac{\pi}{2},\ \dfrac{\pi}{2}\right]$ 的左端 $\arcsin(\sin x)$ 表示的是 $\left[-\dfrac{\pi}{2},\ \dfrac{\pi}{2}\right]$ 中的一个角，这个角的正弦值和角 x 的正弦值相同，所以等式当且仅当在 $\left[-\dfrac{\pi}{2},\ \dfrac{\pi}{2}\right]$ 内成立. 否则当 $x \notin \left[-\dfrac{\pi}{2},\ \dfrac{\pi}{2}\right]$ 时，等式不一定成立. 例如，$\arcsin\left(\sin\dfrac{5\pi}{6}\right) = \dfrac{\pi}{6} \neq \dfrac{5\pi}{6}$.

例5 分别求解函数 $y=\sin x,\ x\in\left(0,\ \dfrac{\pi}{2}\right)$ 和 $y=\sin x,\ x\in\left(\dfrac{\pi}{2},\ \pi\right)$ 的反函数.

解 因为 $y=\sin x,\ x\in\left(0,\ \dfrac{\pi}{2}\right) \subset \left[-\dfrac{\pi}{2},\ \dfrac{\pi}{2}\right]$，由定义 16，得
$$x = \arcsin y,\ y \in (0,\ 1),$$
所以 $y=\sin x,\ x\in\left(0,\ \dfrac{\pi}{2}\right)$ 的反函数为
$$y = \arcsin x,\ x \in (0,\ 1).$$

因为 $x \in \left(\dfrac{\pi}{2}, \pi\right)$,则 $x - \pi \in \left(-\dfrac{\pi}{2}, 0\right) \subset \left[-\dfrac{\pi}{2}, \dfrac{\pi}{2}\right]$,且
$$\sin(x - \pi) = -\sin x = -y,$$
则由定义 16,可得
$$x - \pi = \arcsin(-y) = -\arcsin y,$$
所以 $x = \pi - \arcsin y$,即 $y = \sin x, x \in \left(\dfrac{\pi}{2}, \pi\right)$ 的反函数为
$$y = \pi - \arcsin x, \ x \in (0, 1).$$

类似反正弦函数,也可以定义反余弦函数、反正切函数和反余切函数.

(2)反余弦函数

定义 17 称函数 $y = \cos x, x \in [0, \pi]$ 的反函数为<u>反余弦函数</u>,记作
$$y = \arccos x.$$

反余弦函数 $y = \arccos x$ 的定义域为 $[-1, 1]$,值域为 $[0, \pi]$,其几何图形如图 2.3.4 所示.

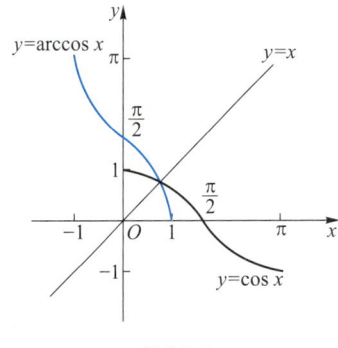

图 2.3.4

由反函数性质易知反余弦函数具有如下性质:

① 反余弦函数 $y = \arccos x, x \in [-1, 1]$ 是严格单调减少函数;

② 反余弦函数 $y = \arccos x, x \in [-1, 1]$ 是非奇非偶函数,且满足
$$\arccos(-x) = \pi - \arccos x.$$

事实上,因为 $0 \leqslant \arccos x \leqslant \pi$,则 $0 \leqslant \pi - \arccos x \leqslant \pi$,所以
$$\cos(\pi - \arccos x) = -\cos(\arccos x) = -x.$$

于是由反余弦函数的定义,有 $\pi - \arccos x = \arccos(-x)$.

（3）反正切函数

定义18 称函数 $y=\tan x, x\in\left(-\dfrac{\pi}{2},\dfrac{\pi}{2}\right)$ 的反函数为**反正切函数**，记作
$$y=\arctan x.$$

反正切函数 $y=\arctan x$ 的定义域为 $(-\infty,+\infty)$，值域为 $\left(-\dfrac{\pi}{2},\dfrac{\pi}{2}\right)$，其几何图像如图 2.3.5 所示.

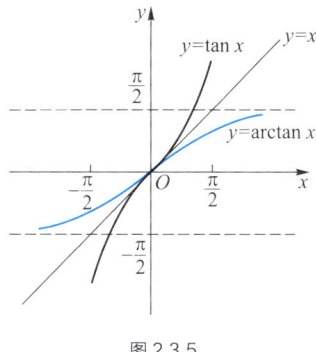

图 2.3.5

由反函数的性质易知反正切函数有如下性质：

① 反正切函数 $y=\arctan x$，$x\in(-\infty,+\infty)$ 是严格单调增加函数；

② 反正切函数 $y=\arctan x$，$x\in(-\infty,+\infty)$ 是奇函数，即
$$\arctan(-x)=-\arctan x;$$

（4）反余切函数

定义19 称函数 $y=\cot x, x\in(0,\pi)$ 的反函数为**反余切函数**，记作
$$y=\operatorname{arccot} x.$$

反余切函数 $y=\operatorname{arccot} x$ 的定义域为 $(-\infty,+\infty)$，值域为 $(0,\pi)$，其几何图像如图 2.3.6 所示.

由反函数的性质易知反余切函数有如下性质：

① 反余切函数 $y=\operatorname{arccot} x$，$x\in(-\infty,+\infty)$ 是严格单调减少函数；

② 反余切函数 $y=\operatorname{arccot} x$，$x\in(-\infty,+\infty)$ 是非奇非偶函数，且满足
$$\operatorname{arccot}(-x)=\pi-\operatorname{arccot} x.$$

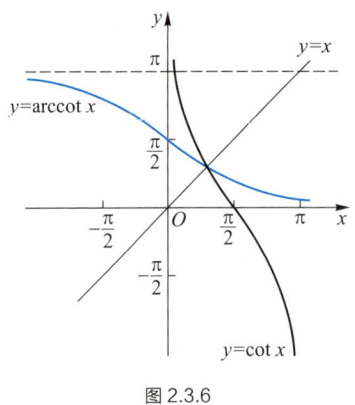

图 2.3.6

例 6 用反函数值的形式表示下列各式中的 x.

（1）$\cos x = -\dfrac{1}{3}$, $x \in [\pi, 2\pi]$；（2）$\cot x = -2$, $x \in (-\pi, 0)$.

解 （1）当 $x \in [\pi, 2\pi]$ 时，$x - \pi \in [0, \pi]$，而 $\cos(x-\pi) = \cos(\pi-x) = -\cos x = \dfrac{1}{3}$ 则

$$x - \pi = \arccos \dfrac{1}{3},$$

故 $x = \pi + \arccos \dfrac{1}{3}$.

（2）当 $x \in (-\pi, 0)$ 时，$x + \pi \in [0, \pi]$，而 $\cot(\pi+x) = \cot x = -2$，则

$$\pi + x = \pi - \operatorname{arccot} 2,$$

故 $x = -\operatorname{arccot} 2$.

2.3.3 函数的复合运算

1. 复合函数的定义

函数之间是如何复合的呢？下面我们举例说明.

设某企业每年的收入 R 与该年利润 π 之间的函数关系为 $\pi = 0.5R$，即

$$R = 2\pi.$$

若利润 π 与该企业产品的产量 Q 有关，其函数关系为

$$\pi = Q^{0.3}.$$

问题 收入 R 与产量 Q 是否有关呢？如果有关，写出其关系式.

问题中的 R 与 Q 虽没有直接关系，但我们可以先将 $\pi = Q^{0.3}$ 代入

$R=2\pi$ 中去,得到 R 与 Q 的函数关系 $R=2Q^{0.3}$,我们称这种代入为<u>函数的复合运算</u>,并称函数 $R=2Q^{0.3}$ 为由 $R=2\pi$ 和 $\pi=Q^{0.3}$ 构成的复合函数. 下面给出复合函数的定义.

定义 20 设函数

$$y=f(u), u\in D_f \tag{2.3.3}$$

和

$$u=\varphi(x), \quad x\in D_\varphi, \tag{2.3.4}$$

且 $R_\varphi \cap D_f \neq \varnothing$ 成立,则称定义在 $D_{f\circ\varphi}=\{x\mid x\in D_\varphi, \varphi(x)\in D_f\}$ 上的函数 $f\circ\varphi$ 为 f 和 φ 的复合函数,即函数

$$y=(f\circ\varphi)(x)=f(\varphi(x)), x\in D_{f\circ\varphi}$$

为由(2.3.3)式和(2.3.4)式确定的<u>复合函数</u>.

复合函数的特征:在 D 中给定 x 的一个值,要计算 y 的值需要先计算 $u=\varphi(x)$ 得 u 的值,再计算 $y=f(u)$ 得 y 的值,因此最后运算的是 $y=f(u)$. 从而我们称函数 $y=f(u)$ 为<u>外层函数</u>,函数 $u=\varphi(x)$ 为<u>内层函数</u>. 称其中的 u 为<u>中间变量</u>, $x\in D_{f\circ\varphi}$ 为<u>自变量</u>.

注 3 在进行复合运算时,因为要将内层函数代入外层函数中去,所以两个函数 $y=f(u), u=\varphi(x)$ 复合必须满足条件 $R_\varphi\cap D_f\neq\varnothing$(特别地,当 $R_\varphi\subseteq D_f$ 时,复合函数 $y=f(\varphi(x))$ 的定义域为 D_φ),否则内层函数不能被代入外层函数中去,即这两个函数不能进行复合运算.

例如,两个函数 $y=f(u)=\arcsin u$ ($u\in[-1,1]$), $u=\varphi(x)=\cos x$ ($x\in\mathbf{R}$),可定义复合函数 $y=\arcsin(\cos x)$, $x\in\mathbf{R}$.

当上述外层函数不变,而内层函数被替换为 $u=1-x^2$ 时,就不能在内层函数的定义域 $\mathbf{R}$ 上定义复合函数了,但在 $[-\sqrt{2},\sqrt{2}]$ 上却可定义复合函数

$$y=\arcsin(1-x^2), \quad x\in[-\sqrt{2},\sqrt{2}];$$

但当内层函数被替换为 $u=2+x^2$ 时,因其值域为 $R_\varphi=[2,+\infty)$,那么该内层函数的自变量 x 无论取何值,此时 $R_\varphi\cap D_f=\varnothing$,所以函数

$f(u)=\arcsin u$ 和函数 $u=2+x^2$ 不能复合.

2. 复合函数的复合与分解

在高等数学中,为了便于理解和运算,既需要将两个及以上的简单函数复合成一个函数,也需要把一个复合函数分解成几个简单函数.

(1)几个简单函数的复合

两个简单函数复合成一个函数的准则:只要内层函数 $u=\varphi(x)$ 的值域 R_φ 与外层函数 $y=f(u)$ 的定义域 D_f 满足 $R_\varphi \cap D_f \neq \varnothing$(特别地,$R_\varphi \subseteq D_f$),便可将内层函数直接代入外层函数中,得复合函数 $y=f(\varphi(x))$,$x \in D_{f \circ \varphi}$.

例7 已知函数 $f(x)=x^2$,$\varphi(x)=e^x$,求 $f(\varphi(x))$ 和 $\varphi(f(x))$.

解 已知两个函数的定义域都为 $(-\infty,+\infty)$,而 $f(x)=x^2$ 的值域 $[0,+\infty)$ 和 $\varphi(x)=e^x$ 的值域 $(0,+\infty)$ 均是 $(-\infty,+\infty)$ 的子集,所以当它们不管是谁作为内层函数、外层函数,均可进行复合运算.

先求 $f(\varphi(x))$. 只需将外层函数 $f(x)=x^2$ 中的自变量 x 用内层函数 $\varphi(x)=e^x$ 替换即可,则

$$f(\varphi(x))=(\varphi(x))^2=(e^x)^2=e^{2x}.$$

再求 $\varphi(f(x))$. 只需将外层函数 $\varphi(x)=e^x$ 中的自变量 x 用内层函数 $f(x)=x^2$ 替换即可,则

$$\varphi(f(x))=e^{(f(x))}=e^{x^2}.$$

注4 $(e^x)^2$ 和 e^{x^2} 是两个不同的函数.

以上介绍的两个函数的复合准则,可推广到多个函数复合的情形. 例如,由

$$y=\ln u,\ u=1+v,\ v=\sqrt{w},\ w=e^x$$

可构成复合函数

$$y=\ln(1+\sqrt{e^x}),\ x \in (-\infty,+\infty),$$

其中 u、v、w 都是中间变量.

注 5 将几个简单函数复合为一个函数的方法是：从内层到外层，按顺序逐层（代入）.

（2）复合函数分解成简单函数

在高等数学中，我们将讨论复合函数的导数问题. 在解决这类问题时，与函数的复合相反，应先将复合函数分解成若干个简单函数.

将一个复合函数分解为几个简单函数的准则：由外层函数向内层函数逐层分解.

例如，因为函数 $y=3^{\arcsin(1-x^2)}$ 最后进行的运算是指数运算，所以可看成是由 $y=3^u$ 和 $u=\arcsin(1-x^2)$ 复合而成；而这里的 $u=\arcsin(1-x^2)$ 还可继续分解，看成是由 $u=\arcsin v$ 和 $v=1-x^2$ 复合而成的；故函数 $y=3^{\arcsin(1-x^2)}$ 可看成是由

$$y=3^u,\ u=\arcsin v,\ v=1-x^2$$

三个简单函数复合而成的.

例 8 已知函数 $f(x^2+1)=x^4+1$，求函数 $f(e^x)$.

解 令 $u=x^2+1$，则有 $x^2=u-1$.

因为 $x^4+1=(x^2)^2+1$，所以函数 $f(x^2+1)=x^4+1$ 的表达式变为

$$f(u)=(u-1)^2+1=u^2-2u+2.$$

若将上式中的变量 u 换为指数函数 e^x，得

$$f(e^x)=(e^x)^2-2e^x+2=e^{2x}-2e^x+2.$$

注 6 性质 5 告诉我们，一个函数与其反函数的复合运算结果就是其变量本身，即

$$f^{-1}(f(x))=x,\ x\in D_f\ \text{或}\ f(f^{-1}(x))=x,\ x\in R_f.$$

特别地，因为对数函数与指数函数互为反函数，所以

$$a^{\log_a x}=x\ (a>0,\ a\neq 1,\ x>0). \qquad (2.3.5)$$

当（2.3.5）式中的 $a=e$ 时，有

$$e^{\ln x}=x\ (x>0). \qquad (2.3.6)$$

利用恒等式（2.3.6）可以简化某些函数的表达式，例如，

$$e^{-\frac{1}{2}\ln x} = e^{\ln x^{-\frac{1}{2}}} = \frac{1}{\sqrt{x}} \quad (x>0).$$

讨论题

1. 对应法则相同但定义域不同的反函数是一样的吗？

2. 能否将反函数存在定理中的严格单调函数改为单调函数？说明你的理由．

3. 试论述函数 $y=f(x)$、$x=f^{-1}(y)$、$y=f^{-1}(x)$ 之间的区别与联系．

4. 列举出不能复合的两个函数，并说明理由．

讨论题参考答案

2.4　隐函数和分段函数

2.4.1　显函数与隐函数

形如 $y=f(x)$ 的函数为<u>显函数</u>．显函数表达方式的特征是：可用只含自变量的表达式来表示因变量，例如 $y=e^{2x}$．相应地，把由方程 $F(x, y)=0$ 所确定的函数 $y=f(x)$（或 $x=\varphi(y)$）称为<u>隐函数</u>，其中的 $F(x, y)$ 为 x, y 的一个表达式．

隐函数表达方式的特征是：① 变量 x 和 y 满足方程 $F(x, y)=0$；② 当 x（或 y）在某区间 I 内任取一值时，由此方程总可确定出与之对应的唯一 y（或 x）值．

例如，方程 $xy+y-1=0$ 在 $(-\infty, -1) \cup (-1, +\infty)$ 内确定 y 是 x 的一个隐函数．这是因为当自变量 x 在 $(-\infty, -1) \cup (-1, +\infty)$ 内取值时，依据方程 $xy+y-1=0$，变量 y 有唯一确定的值与之对应．还可以从方程 $xy+y-1=0$ 中解出 $y=f(x)=\dfrac{1}{x+1}$，这就是<u>隐函数的显化</u>．但隐函数的显化有时是困难的，甚至是不可能的．例如，三次方程 $x^3+y^3=6xy$ 可确定隐函数 $y(x)$，要将其显化就会涉及三次方程的求根，所以是非常困难的．

2.4.2 分段函数

分段函数在实际问题中随处可见. 例如，快递寄件时所付的邮资与所寄物件质量的函数关系及个人所得税税额与个人收入之间的函数关系都不能用统一的一个数学表达式给出. 其中要用到的函数就是所谓的分段函数.

1. 分段函数的定义

在用解析法表示一个函数时，有时表示方法是不唯一的. 例如，函数

$$y = \sqrt{x^2}$$

可以表示为绝对值函数

$$y = |x|,$$

还可以表示为

$$y = \begin{cases} -x, & x < 0, \\ x, & x \geq 0. \end{cases}$$

即函数 $y = \sqrt{x^2}$ 可以有三种解析表示，而第三种解析表示具有如下的特点：

函数在它的定义域内，其对应关系不是用一个数学表达式给出的，而是将其定义域分成了两个不相交的子区间，且在不同子区间内用不同的数学表达式来表示.

定义 21 若函数在其定义域的不同子集中用不同的解析式来表示，则称这样的函数为一个分段函数.

分段函数的定义域是所有不相交的子集的并集，分段函数的值域是所有不相交的子集上函数值的并集. 分段函数的分界点就是引起分段函数有不同解析式的那个点. 例如，绝对值函数 $|x|$ 的定义域为

$$\{x \mid x \geq 0\} \cup \{x \mid x < 0\} = (-\infty, +\infty),$$

值域为 $[0, +\infty)$，分界点为 $x = 0$. 此时，分界点左右的解析式不一样. 再如，函数

$$y = \frac{x^2 - 4}{x - 2}, \ x \neq 2$$

的定义域为 $\{x \mid x \in \mathbf{R}, x \neq 2\}$，分界点为 $x = 2$. 此时，分界点左右的数学表达式一样，但分界点处函数无定义.

例1 某商场举办有奖购物活动，购物满 100 元可获得一张奖券，将 1 000 张奖券编为一组，编号为 1—1 000 号，但其中只有一张为特等奖，特等奖的金额为 5 000 元. 开奖时，特等奖的号码为 328 号，那么一张奖券所得奖金（单位：元）y 与奖券的编号 x 之间的函数关系为

$$y = \begin{cases} 0, & x \neq 328, \\ 5\,000, & x = 328. \end{cases}$$

定义域为 $\{x \mid 1 \leqslant x \leqslant 1\,000, x \in \mathbf{N}^*\}$，值域为 $\{0, 5\,000\}$，分界点为 $x = 328$. 此时，分界点左右的解析式一样，分界点处的函数值单独定义.

2. 常用的分段函数

下面列举出四个常用分段函数，即绝对值函数、符号函数、取整函数和狄利克雷（Dirichlet）函数. 读者不仅要熟悉这些分段函数的定义域、对应法则、值域及几何图形，还要了解它们的单调性、有界性、奇偶性和周期性等性质.

（1）绝对值函数

绝对值函数

$$y = |x| = \begin{cases} -x, & x < 0, \\ x, & x \geqslant 0 \end{cases}$$

的定义域为实数集 $(-\infty, +\infty)$，值域为非负实数集 $[0, +\infty)$，如图 2.4.1 所示.

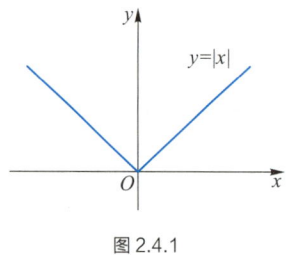

图 2.4.1

其分界点 $x = 0$ 将第一、二象限的角平分线连在一起，并在原点形成了一个不光滑的"尖点". 正因为绝对值函数有这样一个特性，当我

们在高等数学中研究函数导数的时候，经常要用它来说明函数在分界点 $x=0$ 处的导数不存在.

性质 1 绝对值函数在 $(-\infty,+\infty)$ 内不是单调的函数. 当 $x>0$ 时，绝对值函数是单调增加的；当 $x<0$ 时，绝对值函数是单调减少的.

绝对值函数在 $(-\infty,+\infty)$ 内是无界函数.

绝对值函数在 $(-\infty,+\infty)$ 内是偶函数.

绝对值函数在 $(-\infty,+\infty)$ 内是非周期函数.

（2）符号函数

符号函数

$$y=\operatorname{sgn} x=\begin{cases}-1, & x<0,\\ 0, & x=0,\\ 1, & x>0\end{cases}$$

图 2.4.2　伯努利

是由伯努利（Bernoulli，1667—1748）（图 2.4.2）提出的，其定义域为 $(-\infty,+\infty)$，值域为 $\{-1,0,1\}$，如图 2.4.3 所示.

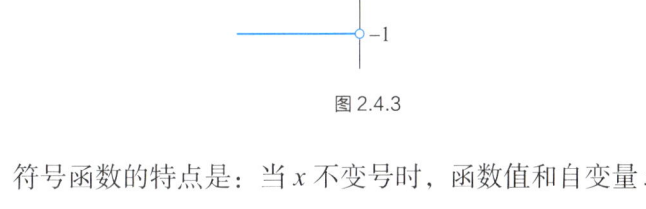

图 2.4.3

符号函数的特点是：当 x 不变号时，函数值和自变量 x 的数值大小无关，只是和 x 的正负号有关；其分界点 $x=0$ 将 $x>0$ 和 $x<0$ 所对应的两条水平射线断开，$x=0$ 是唯一跳跃的间断点，跳跃高度为 1.

性质 2 符号函数在 $(-\infty,+\infty)$ 内是单调增加的函数.

符号函数在 $(-\infty,+\infty)$ 内是有界函数.

符号函数在 $(-\infty,+\infty)$ 内是奇函数.

符号函数在 $(-\infty,+\infty)$ 内是非周期函数.

有些与符号有关的函数关系可借助符号函数来表示. 例如，x 的绝对值函数 $|x|$ 可以通过 x 与 $\operatorname{sgn} x$ 的乘积运算来表示. 因为

$$y = \operatorname{sgn} x = \begin{cases} 1, & x > 0 \\ 0, & x = 0, \\ -1, & x < 0 \end{cases} = \begin{cases} \dfrac{x}{x}, & x > 0, \\ 0, & x = 0, \\ \dfrac{x}{-x}, & x < 0. \end{cases}$$

所以当 $x \neq 0$ 时，符号函数等价地表示为

$$\operatorname{sgn} x = \frac{x}{|x|} = \frac{|x|}{x}.$$

从而，绝对值函数与符号函数具有如下的关系：对任何实数 x，有

$$x = \operatorname{sgn} x \cdot |x| \text{ 或 } |x| = \operatorname{sgn} x \cdot x.$$

在以后高等数学的学习中，我们将推知：当 $x \neq 0$ 时，符号函数是绝对值函数的导数.

符号函数既可用来说明某些概念间的关系，还可用于简化含有绝对值函数的积分计算以及某些微分方程的求解过程，同时在工程技术上也有着非常广泛的应用.

（3）取整函数

设 x 为任一实数，称不超过 x 的最大整数为 x 的 <u>取整函数</u>，记为

$$y = [x].$$

$[x]$ 的几何意义：$[x]$ 表示与 x 相邻的左边的整数点. 例如，$[3.1] = 3$，$[-1.4] = -2$.

取整函数的定义域为 $(-\infty, +\infty)$，值域为整数集 **Z**，其图像为如图 2.4.4 所示的呈阶梯形状的曲线，即取整函数的图像在 $x = n \, (n \in \mathbf{Z})$

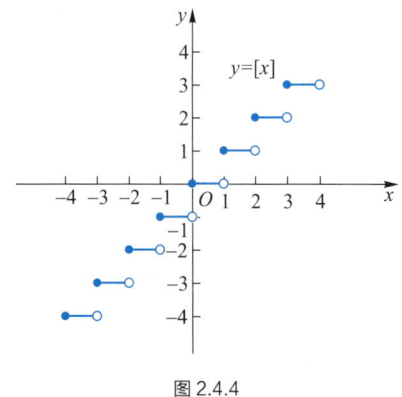

图 2.4.4

处发生跳跃，跳跃高度为 1. 在每一梯级上，左端点都可以达到，而右端点却达不到，从而取整函数也可用分段函数表示为

$$y = [x] = n, \quad n \leqslant x < n+1 \quad (n = 0, \pm 1, \pm 2, \cdots).$$

性质 3　取整函数在 $(-\infty, +\infty)$ 内是单调增加的函数.

取整函数在 $(-\infty, +\infty)$ 内是无界函数.

取整函数在 $(-\infty, +\infty)$ 内是非奇非偶函数.

取整函数在 $(-\infty, +\infty)$ 内是非周期函数.

取整函数是一类将实数映射到相邻的整数的函数，它与微积分有着紧密的联系，在科学和工程上也有着广泛的应用.

（4）狄利克雷函数

十九世纪之前，数学家对函数的普遍看法是：形如 $y = x^2 + 3x - 5$ 这样给定 x 生成 y 的式子是一个函数. 然而狄利克雷（图 2.4.5）的观点是：忘掉那些式子吧……函数就是能把一个数变成另一个数的法则，这法则，不必非得是代数表达式，甚至都不必局限在数的范围内. 只要能把一类事物变成另一类事物，这样的法则就是函数. 据此观点，狄利克雷定义了如下的狄利克雷函数

$$D(x) = \begin{cases} 1, & x\text{为有理数}, \\ 0, & x\text{为无理数}. \end{cases}$$

其定义域为 $(-\infty, +\infty)$，值域为 $\{0, 1\}$.

图 2.4.5　狄利克雷

例如，当 $x = -2, \dfrac{8}{7}, \dfrac{4}{7}$ 时，$D(x)$ 为 1；当 $x = \sqrt{2}, \pi, \mathrm{e}$（对无理数 π 和 e 的简单认识可参见阅读材料 2）时，$D(x)$ 为 0.

狄利克雷函数的图像虽然画不出来，但可以作直观的想象：有无数多个无理点稠密地分布在 x 轴上，也有无数多个有理点稠密地分布在直线 $y = 1$ 上.

阅读材料 2
关于无理数 π 和 e

性质 4　狄利克雷函数在 $(-\infty, +\infty)$ 内不是单调函数.

狄利克雷函数在 $(-\infty, +\infty)$ 内是介于 $[0, 1]$ 间的有界函数.

狄利克雷函数在 $(-\infty, +\infty)$ 内是偶函数.

狄利克雷函数在 $(-\infty, +\infty)$ 内是周期函数.

这是因为对任意实数 x，$(x +$ 有理数$)$ 与 x 同为有理数或者同为

无理数，因而任何有理数都为狄利克雷函数的周期．因为不存在最小正有理数，所以狄利克雷函数没有最小正周期．

狄利克雷函数看似有些"病态"，但它在数学上是一个特别的函数，它将是说明函数在任意一点处极限不存在、不连续、不可导以及函数在任何区间内都不可积的一个很好的例子．

3. 应用举例

以上给出了四个常用的分段函数，下面我们介绍一般的分段函数．

例2 设函数

$$f(x)=\begin{cases}1-x, & x\leqslant 1,\\ x^2, & x>1.\end{cases}$$

（1）求其定义域并作出函数图像，写出其值域；

（2）求函数值 $f\left(-\dfrac{1}{2}\right)$, $f(1)$, $f(2)$；

（3）若 $f(a)=4$，求实数 a 的值．

解 （1）定义域 $D_f=\{x\mid x\leqslant 1\}\cup\{x\mid x>1\}=(-\infty,+\infty)$．

按函数在定义域各子区间上的相应表达式分段作图，如图 2.4.6 所示，值域为 $R_f=[0,+\infty)$．

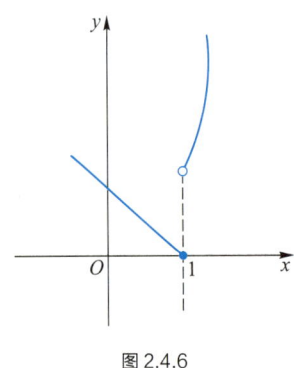

图 2.4.6

（2）求分段函数的函数值时，首先应该考虑自变量取值所在的区间，然后将自变量代入相对应的表达式，从而有

$$f\left(-\dfrac{1}{2}\right)=1-\left(-\dfrac{1}{2}\right)=\dfrac{3}{2},\quad f(1)=1-1=0,\quad f(2)=2^2=4.$$

（3）当 $x\leqslant 1$ 时，要使 $f(a)=1-a=4$，则只需 $a=-3$；

当 $x>1$ 时,要使 $f(a)=a^2=4$,则只需 $a=2$.

则当 $f(a)=4$ 时,实数 $a=2$ 或 $a=-3$.

例 3 设函数

$$y=f(x)=\begin{cases} \dfrac{x}{2}, & -2<x<1, \\ x^2, & 1\leqslant x\leqslant 2, \\ 2^x, & 2<x\leqslant 4, \end{cases}$$

求 $f^{-1}(x)$.

分析 求分段函数的反函数,只须分别求出与各子区间相对应的函数的反函数及其自变量的取值范围即可.

解 由反函数的定义得

$$x=\begin{cases} 2y, & -2<2y<1, \\ \sqrt{y}, & 1\leqslant \sqrt{y}\leqslant 2, \\ \log_2 y, & 2<\log_2 y\leqslant 4, \end{cases}=\begin{cases} 2y, & -1<y<\dfrac{1}{2}, \\ \sqrt{y}, & 1\leqslant y\leqslant 4, \\ \log_2 y, & 4<y\leqslant 16. \end{cases}$$

将 x, y 互换,得所求反函数为

$$y=\begin{cases} 2x, & -1<x<\dfrac{1}{2}, \\ \sqrt{x}, & 1\leqslant x\leqslant 4, \\ \log_2 x, & 4<x\leqslant 16. \end{cases}$$

下面再来看看分段函数是如何复合的.

例 4 设函数 $f(x)=\begin{cases} \mathrm{e}^x, & x<1, \\ x, & x\geqslant 1, \end{cases}$ $\varphi(x)=\begin{cases} x+2, & x<0, \\ x^2-1, & x\geqslant 0, \end{cases}$ 求 $f(\varphi(x))$.

解 先将内层函数 $\varphi(x)$ 分段代入 $f(x)$ 中,并将 $f(x)$ 中的自变量 x 用内层函数 $\varphi(x)$ 全部替换,便可得到如下的分段函数

$$f(\varphi(x))=\begin{cases} \mathrm{e}^{\varphi(x)}, & \varphi(x)<1, \\ \varphi(x), & \varphi(x)\geqslant 1. \end{cases} \qquad (2.4.1)$$

其中的 $\varphi(x)=\begin{cases} x+2, & x<0, \\ x^2-1, & x\geqslant 0 \end{cases}$ 是分为两段的分段函数,不能直接代

入，需要结合其表达式及其定义域进行综合求解．

（1）对（2.4.1）式中函数 $f(\varphi(x))$ 的第一段，要使 $\varphi(x)<1$，其自变量 x 有如下两种情形：

① 当 $x<0$ 时，$\varphi(x)=x+2<1$，即 $\begin{cases} x<0, \\ x<-1, \end{cases}$ 由此解得 $x<-1$；

② 当 $x\geqslant 0$ 时，$\varphi(x)=x^2-1<1$，即 $\begin{cases} x\geqslant 0, \\ x^2<2, \end{cases}$ 解得 $0\leqslant x<\sqrt{2}$．

（2）对（2.4.1）式中函数 $f(\varphi(x))$ 的第二段，要使 $\varphi(x)\geqslant 1$，其自变量 x 有如下两种情形：

① 当 $x<0$ 时，$\varphi(x)=x+2\geqslant 1$，即 $\begin{cases} x<0, \\ x\geqslant -1, \end{cases}$ 解得 $-1\leqslant x<0$；

② 当 $x\geqslant 0$ 时，$\varphi(x)=x^2-1\geqslant 1$，即 $\begin{cases} x\geqslant 0, \\ x^2\geqslant 2, \end{cases}$ 解得 $x\geqslant \sqrt{2}$．

综上所述 $f(\varphi(x))=\begin{cases} \mathrm{e}^{x+2}, & x<-1, \\ x+2, & -1\leqslant x<0, \\ \mathrm{e}^{x^2-1}, & 0\leqslant x<\sqrt{2}, \\ x^2-1, & x\geqslant \sqrt{2}. \end{cases}$

讨论题

1. 请列举一个你生活中遇到的分段函数．

2. 当分段函数的自变量在分界点的左右两侧无限地逼近于分界点时，相应的函数有何变化趋势？可以用几何图像来说明．

3. 讨论分段函数

$$\varphi(x)=\begin{cases} x^2, & -1<x\leqslant 1, \\ 2-x, & x\leqslant -1 \end{cases}$$

和

$$f(x)=\begin{cases} -x, & 0\leqslant x\leqslant 1, \\ x-1, & 1<x\leqslant 2 \end{cases}$$

在其定义域内是否有反函数. 2.3 节的性质 3 告诉我们"严格单调的函数一定存在反函数",那么这个定理的逆命题成立吗?请阐述你的理由.

4. $D(x)$ 为狄利克雷函数,$\operatorname{sgn} x$ 为符号函数,请回答以下问题,并说明理由.

(1) 函数 $\operatorname{sgn}|x|$ 和 $|\operatorname{sgn} x|$ 相等吗?

(2) 函数 $D(\operatorname{sgn} x)$ 和 $\operatorname{sgn}(D(x))$ 相等吗?

讨论题参考答案

习题 2

1. 选择题.

(1) 下图中对应关系为 $f: A \to B$,$x \in A$,则 f 是一个( ).

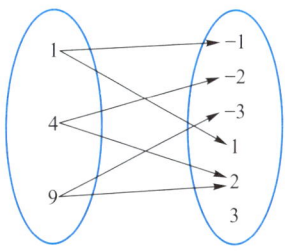

  A. 映射   B. 函数   C. 满射   D. 非满射

(2) 设 $f(x)$ 是以 $T(T>0)$ 为周期的函数,则 $f(ax)$ 是以( )为周期的函数.

  A. $\dfrac{T}{a}$ B. T C. aT D. nT

(3) 下列结论正确的是( ).

  A. 函数 $x=f^{-1}(y)$ 和函数 $y=f(x)$ 是同一个函数

  B. 函数 $y=f(x-1)$ 与 $y=f^{-1}(x-1)$ 互为反函数

  C. 偶函数必无反函数,奇函数必有反函数

  D. 有反函数的函数必是其定义域上的单调函数

(4) 函数 $f(x)=x|x+a|+b$ 是奇函数的充要条件是( ).

  A. $ab=0$ B. $a+b=0$

  C. $a^2+b^2=0$ D. $a=b$

（5）函数 $f(x)$ 的定义域为 $\mathbf{R}$，若 $f(x+1)$ 与 $f(x-1)$ 都是奇函数，则（　　）．

　　A. $f(x)$ 是偶函数　　B. $f(x)$ 是奇函数

　　C. $f(x)=f(x+2)$　　D. $f(x+3)$ 是奇函数

（6）下列各式中正确的是（　　）．

　　A. $\arcsin\dfrac{\sqrt{3}}{2}=\dfrac{\pi}{3}$　　B. $\arcsin\dfrac{\pi}{3}=\dfrac{\sqrt{3}}{2}$

　　C. $\arcsin 1=2k\pi+\dfrac{\pi}{2}(k\in\mathbf{Z})$　　D. $\arcsin\left(-\dfrac{\pi}{3}\right)=-\arcsin\dfrac{\pi}{3}$

（7）设函数 $f(x)=\begin{cases} x^2, & x\leqslant -2, \\ x+9, & -2<x<2, \\ 2^x, & x\geqslant 2, \end{cases}$ 则下列等式中不成立的是（　　）．

　　A. $f(-2)=f(2)$　　B. $f(1)=f(4)$

　　C. $f(-1)=f(3)$　　D. $f(0)=f(-3)$

（8）下列函数中，没有反函数的是（　　）．

　　A. $y=x^2-1,\ x<-\dfrac{1}{2}$　　B. $y=x^3+1,\ x\in\mathbf{R}$

　　C. $y=\dfrac{x}{x-1},\ x\in\mathbf{R},\ x\neq 1$　　D. $y=\begin{cases} 2x-2, & x\geqslant 2, \\ -4x, & x<1 \end{cases}$

（9）设 $f(x)$ 的定义域是 $[-2,\ 0]$，$\mathrm{sgn}\,x$ 为符号函数，则 $f(\mathrm{sgn}\,x)$ 的定义域是（　　）．

　　A. $[-2,\ 0]$　　B. $(-\infty,\ +\infty)$

　　C. $(-\infty,\ 0]$　　D. $\varnothing$

（10）下面的式子中，正确的是（　　）．

　　A. $\sin\left(\arcsin\dfrac{5}{2}\right)=\dfrac{5}{2}$　　B. $\sin\left(\arcsin\left(-\dfrac{5}{2}\right)\right)=-\dfrac{5}{2}$

　　C. $\sin\left(\arcsin\dfrac{1}{2}\right)=\dfrac{1}{2}$　　D. $\sin\left(\arcsin\dfrac{3}{2}\right)=\dfrac{3}{2}$

2. 填空题．

（1）已知集合 $A=\{y\mid y=x^2-4x+3,\ x\in\mathbf{R}\}$，$B=\{y\mid y=-x^2+2x+8,\ x\in\mathbf{R}\}$，则 $A\bigcup B=$ ＿＿＿＿＿＿＿＿，$A\bigcap B=$ ＿＿＿＿＿＿＿＿．

（2）设 $A = \{1, 2, 3, 4\}$，$B = \{3, 5, 7, 9\}$，则 $f(x) = 2x+1$，$x \in A$ _____（填"是"或"不是"）映射．

（3）_____（填"能"或"不能"）根据函数的定义域和值域相等来判断两个函数相等．理由为 _____ _____.

（4）点集 $\{x \mid x \neq 0\}$ 用区间表示为 _____，点集 $\{x \mid |x-4| < 5\}$ 用区间表示为 _____.

（5）已知 $f(x)$ 为偶函数，且 $x > 0$ 时，$f(x) = x(1-x)$，则 $x < 0$ 时，$f(x)$ 的表达式为 _____.

（6）函数 $y = \lg(\cos\sqrt{x})^2$ 可以看作由函数 _____，_____，_____ 和 _____ 复合而成的．

（7）设函数 $f(x-1)$ 的定义域是 $[0, a]$ $(a > 0)$，则 $f(x)$ 的定义域为 _____.

（8）设函数 $f(x) = \ln(x+1)$，则 $f(f(x)) = $ _____.

（9）已知 $f(x) = \sin x$，$f(\varphi(x)) = 1 - x^2$，则 $\varphi(x) = $ _____，其定义域为 _____.

（10）设函数 $f(x)$ 的定义域是 $[0, 2]$，且 $0 < a \leq 1$，则函数 $f(x+a) + f(x-a)$ 的定义域是 _____.

3. 求解下列各题．

（1）设 $A = \{x \mid 2 \leq x \leq 6\}$，$B = \{x \mid 2a \leq x \leq a+3\}$．若 $B \subseteq A$，求实数 a 的取值范围．

（2）调查 50 名学生对 A，B 两件事的态度，有如下结果：赞成 A 的学生占全体人数的 $\dfrac{3}{5}$，其余的不赞成；赞成 B 的学生比赞成 A 的学生多 3 人，其余的不赞成；另外，对 A，B 都不赞成的学生人数比对 A，B 都赞成的学生人数的 $\dfrac{1}{3}$ 多 1 人，问：对 A，B 都赞成的学生和都不赞成的学生各有多少人？

（3）设 $A = \{1, 2, 3, m\}$，$B = \{4, 7, n^4, n^2+3n\}$，对应法则 $f: a \to b = pa + q$ 是从 A 到 B 的一一映射．已知 m，n 为正整数，且 1 的像是 4，7 的原像是 2，求 p，q，m，n 的值．

4. 求下列函数的定义域，再求（4）—（6）的值域，并画出（2）—（3）的函数图像．

（1） $y = \dfrac{1}{\ln(x-2)} + \sqrt{5-x}$；

（2） $f(x) = \begin{cases} x, & x > 1, \\ 1-x, & |x| \leqslant 1; \end{cases}$

（3） $f(x) = \begin{cases} \sqrt{4-x^2}, & |x| < 2, \\ x^2 - 1, & 2 \leqslant |x| < 4; \end{cases}$

（4） $y = 2\arcsin(5-2x)$；

（5） $y = \sin x + \arcsin x$；

（6） $y = \arcsin x + \arctan x$．

5. 当 k 为何值时，函数 $f(x) = \dfrac{x+k}{kx^2 + 2kx + 2}$ 的定义域是 $(-\infty, +\infty)$？

6. 下列各组函数是否相同？为什么？

（1） $y = x$ 与 $y = \sqrt{x}$；

（2） $y = \sqrt{1 + \cos 2x}$ 与 $y = \sqrt{2\cos x + 1}$；

（3） $y = \sqrt[3]{x^4 - x^3}$ 与 $y = x\sqrt[3]{x-1}$；

（4） $y = 1$ 与 $y = \cos^2 x + \sin^2 x$．

7. 试判断下列函数在指定区间内的单调性．

（1） $y = \dfrac{x}{1-x}$，$x \in (-\infty, 1)$；

（2） $y = x + \ln x$，$x \in (0, +\infty)$；

（3） $f(x) = \dfrac{ax}{x^2 - 1}$ $(a \neq 0)$，$x \in (-1, 1)$．

8. 已知 $f(x)$ 是定义在 $\mathbf{R}$ 上的增函数，当 $x \in \mathbf{R}$ 有 $f(x) > 0$，且 $f(10) = 1$．试讨论函数 $F(x) = f(x) + \dfrac{1}{f(x)}$ 的单调性．

9. 讨论下列函数在其定义域内的有界性：

（1） $f(x) = \dfrac{x}{1+x^2}$；

（2） $f(x) = x\sin x$．

10. 下列函数中哪些是偶函数，哪些是奇函数，哪些既非偶函数又非奇函数？

（1） $y = 3x^2 - x^3$；

（2） $y = \dfrac{|x|}{x}$；

（3） $y = \dfrac{a^x + a^{-x}}{2}$；

（4） $y = \ln \dfrac{1+x}{1-x}$；

（5） $y = \log_a \left(x + \sqrt{1+x^2}\right)$ $(a > 0, a \neq 1)$；

（6） $f(x) = \begin{cases} 1-x, & x < 0, \\ 1+x, & x \geqslant 0. \end{cases}$

11. 下面所考虑的函数都是定义在区间 $(-a, a)$ 内的，证明：

（1）两个偶函数的和是偶函数，两个奇函数的和是奇函数；

（2）两个偶函数的乘积是偶函数，两个奇函数的乘积是偶函数，偶函数与奇函数的乘积是奇函数；

（3）定义在区间 $(-l, l)$ 内的任意函数都可以写成一个奇函数与一个偶函数的和．

12. 下列函数中哪些是周期函数？对于周期函数，指出其周期．

（1）$y = \cos(x-2)$； （2）$y = 1 + \sin \pi x$； （3）$y = x \sin^2 x$；

（4）$y = |\cos 3x|$； （5）$y = \tan|x|$．

13. 求解下列各题．

（1）已知 $y = f(x) = \dfrac{x-1}{x}$，求 $f^{-1}(x)$；

（2）已知 $y = f(x) = \dfrac{2^x}{2^x + 1}$，求 $f^{-1}(x)$；

（3）已知 $y = f_1(x) = (x-1)^2 + 1 (x \leqslant 0)$，$y = f_2(x) = (x-1)^2 + 1 (x > 1)$，求 $f_1^{-1}(x)$，$f_2^{-1}(x)$；

（4）已知 $y = f(x) = \dfrac{x+1}{x-1}$，求 $f^{-1}(-x)$；

（5）已知函数 $y = f(x) = 2\left(\dfrac{1}{2} - \dfrac{1}{a^x + 1}\right)$ $(a > 0, a \neq 1)$．求 $y = f^{-1}(x)$，并判定其奇偶性；

（6）已知函数 $f(x)$ 的定义域为 $[-1, 1]$，值域为 $[-3, 3]$，其反函数为 $f^{-1}(x)$，求 $f^{-1}(3x-2)$ 的定义域和值域；

（7）求函数 $y = f(x) = \begin{cases} -x, & -1 \leqslant x \leqslant 0, \\ x+1, & 0 < x \leqslant 1 \end{cases}$ 的反函数；

（8）求函数 $y = \sin x$，$x \in \left[\dfrac{\pi}{2}, \pi\right]$ 的反函数；

（9）求函数 $y = \arcsin x$，$x \in [0, 1]$ 的反函数；

（10）求函数 $y = \tan x$，$x \in \left(0, \dfrac{\pi}{2}\right)$ 和 $y = \tan x$，$x \in \left(\dfrac{\pi}{2}, \pi\right)$ 的反函数．

14. 已知函数 $f(x) = \dfrac{ax+5}{x+2}$．

（1）求函数 $y = f(x)$ 的反函数 $y = f^{-1}(x)$ 的值域；

（2）若点 $P(1, 2)$ 是 $y = f^{-1}(x)$ 的图像上一点，求函数 $y = f(x)$ 的值域．

15. 以下各对函数中，哪些可以复合成函数 $f(g(x))$，哪些不可以复合，并说明理由．

（1）$f(u) = \sqrt{u}$，$u = \ln \dfrac{1}{1+x^2}$； （2）$f(u) = \ln(1-u)$，$u = \sin x$；

（3）$f(u)=\sqrt{u}, u=\sin x - 2$； （4）$f(u)=\arcsin(2+u), u=x^2$；

（5）$f(u)=\arcsin u, u=\cos x, x\in\left[-\dfrac{\pi}{4},\dfrac{3\pi}{4}\right]$.

16. 下列函数是由哪些基本初等函数复合而成的？

（1）$y=a^{\sin^2 x}$； （2）$y=\sqrt{\ln\sqrt{x}}$； （3）$y=\sqrt[3]{\arctan\cos x}$；

（4）$y=\ln\sin^2 x$； （5）$y=\sin^2\cos^3\tan^4 x^5$.

17. 求下列各题中的函数．

（1）若函数 $f\left(x+\dfrac{1}{x}\right)=x^2+\dfrac{1}{x^2}$，求 $f(x)$；

（2）设 $f(\mathrm{e}^x)=1+x$，求 $f(x)$ 及 $f(\mathrm{e}^{2x})$；

（3）设函数 $f(x)$ 满足 $2f(x)+f(1-x)=\mathrm{e}^x$，求 $f(x)$；

（4）设 $f\left(\sin x+\dfrac{1}{\sin x}\right)=\csc^2 x-\cos^2 x$，求 $f(x)$；

（5）设 $f(x)+f\left(\dfrac{x-1}{x}\right)=2x$，其中 $x\neq 0, x\neq 1$，求 $f(x)$；

（6）已知函数 $f(x)=\sqrt{x-1}$ 和 $g(x)=\lg(1+x^2)$，求函数 $y=f(g(x))$ 及其定义域；

（7）若 $f(x)=\dfrac{1}{1-x}(x\neq 1)$，求 $f\left(\dfrac{1}{f(x)}\right), f(f(f(x)))$；

（8）设函数 $f(x)=\dfrac{x}{\sqrt{1+x^2}}$，求 $f_n(x)=\underbrace{f(f\cdots f}_{n}(x))$，其中 n 为自然数；

（9）设函数 $f(x)=\begin{cases}1, & |x|\leqslant 1,\\ 0, & |x|>1,\end{cases}$ 求 $f(f(f(x)))$；

（10）设函数

$$f(x)=\begin{cases}1, & |x|<1,\\ 0, & |x|=1,\\ -1, & |x|>1,\end{cases} \quad g(x)=\mathrm{e}^x,$$

求 $f(g(x))$ 和 $g(f(x))$；

（11）设函数

$$f(x)=\begin{cases}1, & |x|\leqslant 1,\\ 0, & |x|>1,\end{cases} \quad g(x)=\begin{cases}2-x^2, & |x|\leqslant 1,\\ 2, & |x|>1.\end{cases}$$

求 $f(f(x))$, $f(g(x))$.

18. 求解下列各题.

（1）已知 $f(x)$ 是定义在 **R** 上的函数，它的反函数为 $f^{-1}(x)$. 若 $f^{-1}(x+a)$ 与 $f(x+a)$ 互为反函数且 $f(a)=a$（a 为非零常数），求 $f(2a)$ 的值；

（2）设函数 $f(x)$ 是严格单调递增的函数，$f^{-1}(x)$ 是其反函数，x_1 是方程 $f(x)+x=a$ 的根，x_2 是 $f^{-1}(x)+x=a$ 的根，求 x_1+x_2 的值.

19. 证明狄利克雷函数是以正有理数为周期的周期函数. 并给出一个函数，它是以任意正实数为周期的周期函数.

20. 火车站行李收费规定如下：当行李不超过 50 kg 时，按每千克 0.15 元收费，当超出 50 kg 时，超重部分按每千克 0.25 元收费，试建立行李收费 $f(x)$（单位：元）与行李重量 x（单位：kg）之间的函数关系.

21. 为下述三个事件分别画草图.

（1）小明约女朋友去电影院看电影，走到半路，发现自己给女朋友买的礼物放家里了，于是立即返回家里，拿着礼物加速赶往电影院；

（2）小明和女朋友散步去电影院看电影，途中遇到了发小小兵，很兴奋，于是在路边站着聊了一会儿天，直到女朋友催促他，才和小兵恋恋不舍地告别赶往电影院；

（3）小明和女朋友打算沿着绿道骑着自行车去电影院看电影，不仅可以沐浴阳光，还可以欣赏沿路的花草，后来发现电影快要开始了，便开始加速赶往电影院.

22. 设 X 为一非空集合，且集合 $A \subseteq X$，若映射 $\chi_A : X \to \{0, 1\}$ 满足

$$\chi_A(x) = \begin{cases} 1, & x \in A, \\ 0, & x \notin A. \end{cases}$$

则称映射 $\chi_A : X \to \{0, 1\}$ 为集合 A 的示性映射. 证明：$\{\chi_A | A \subseteq X\}$ 与 X 的所有子集形成的集合是一一对应的.

习题 2 部分 参考答案

第三章 初等函数

本章将在之前学习过的函数和运算的基础上讨论初等函数. 初等函数是分析学中最常见的函数,是高等数学理论探讨和实际应用的基本工具.

本章首先介绍基本初等函数及其简单性质,给出幂函数、指数函数和对数函数的等式运算性质,以及三角函数的部分恒等变换公式;其次介绍初等函数的定义、初等函数的判断以及函数在经济学中的应用;最后介绍几类初等不等式.

学习目标:
1. 掌握基本初等函数的三要素、图像及其简单性质.
2. 熟练应用幂函数、指数函数和对数函数的等式运算性质,以及三角函数的部分恒等变换公式.
3. 理解初等函数的定义及其结构,会判断所给关系式是否是初等函数.
4. 掌握幂指函数的定义及其恒等变形.
5. 掌握常用的经济函数,会建立简单经济应用问题中的函数关系式.
6. 掌握不等式的求解方法,会利用几类重要不等式进行不等式的放缩.

3.1 基本初等函数及其性质

在高等数学中,基本初等函数有着极其广泛的应用. 下面的六类函数统称为基本初等函数.

3.1.1 常值函数

若对任意的 $x \in D_f$,相应的函数值 $f(x)$ 都恒等于一个常数 C,即

$$f(x) = C, \ x \in D_f,$$

则称这个函数为定义在 D_f 上的常值函数. 特别地,定义在 $(-\infty, +\infty)$ 上的常值函数的图像是平面上与 x 轴平行或重合的一条直线.

3.1.2 幂函数

形如 $f(x) = x^\alpha \ (\alpha \in \mathbf{R})$ 的函数称为幂函数,其中 α 为任意非零实数.

幂函数具有如下的性质:

(1) 定义域:随着 α 的不同,幂函数的定义域不尽相同,但无论 α 为何值,幂函数在 $(0, +\infty)$ 内都有定义. 特别地,当 α 为无理数时,常以 $y = x^\alpha = e^{\alpha \ln x}$ 作为 x^α 的定义,所以其定义域为 $(0, +\infty)$.

(2) 幂函数在第一象限内图像如图 3.1.1 所示. 无论 α 为何值,幂函数的图形都经过点 $(1, 1)$.

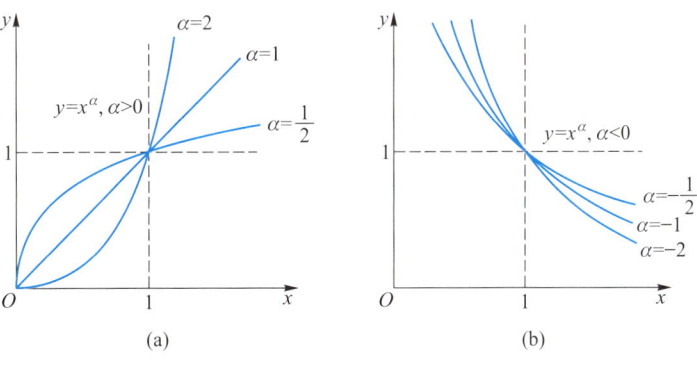

图 3.1.1

（3）单调性：在区间 $(0, +\infty)$ 内，当 $\alpha > 0$ 时，$f(x) = x^\alpha$ 在第一象限内是增函数；当 $\alpha < 0$ 时，$f(x) = x^\alpha$ 在第一象限内是减函数．

（4）奇偶性：当 α 为奇数时，幂函数为奇函数；当 α 为偶数时，幂函数为偶函数．

需说明的是，在数学学习中，遇到指数为分数时，我们常常把它写成根式形式，例如，$x^{\frac{3}{2}} = \sqrt{x^3}$；遇到指数为负数时，我们常常把它写成分式形式，例如，$x^{-\frac{2}{3}} = \dfrac{1}{\sqrt[3]{x^2}}$．关于根式运算读者需掌握和区分以下两条性质：

（1）$(\sqrt[n]{a})^n = a (n > 1,\ n \in \mathbf{N}_+)$，

其中当 n 为偶数时，a 为非负数；当 n 为奇数时，a 为实数；

（2）$\sqrt[n]{a^n} = \begin{cases} a, & n\text{为奇数}, \\ |a|, & n\text{为偶数}. \end{cases}$

读者学过的一次函数、二次函数等多项式函数均为正整数指数函数 $y = x^n (n \in \mathbf{N})$（规定 $x^0 = 1 (x \neq 0)$）的线性运算结果．为了便于大家学习，将正整数指数幂所满足的部分等式运算性质列举如下．

（1）n 次方和与差公式：

$$a^n + b^n = (a+b)(a^{n-1} - a^{n-2}b + a^{n-3}b^2 - a^{n-4}b^3 + \cdots - ab^{n-2} + b^{n-1}),$$

$n \in \mathbf{N}_+$ 且为奇数；

$$a^n - b^n = (a-b)(a^{n-1} + a^{n-2}b + a^{n-3}b^2 + \cdots + ab^{n-2} + b^{n-1}),\ n \in \mathbf{N}_+.$$

读者熟悉的立方和与立方差公式、平方差公式就是上述公式的特殊情形．

（2）二项式展开式：

$$(a+b)^n = \mathrm{C}_n^0 a^n b^0 + \mathrm{C}_n^1 a^{n-1} b^1 + \mathrm{C}_n^2 a^{n-2} b^2 + \cdots + \mathrm{C}_n^n a^0 b^n.$$

上式的证明详见本教材 6.4 节，其中的组合数计算方法详见本教材 6.3 节．读者熟悉的完全立方与完全平方公式就是二项式展开式的特殊情形．

（3）求和公式：

0 次方和的求和公式：$\sum\limits_{i=1}^{n} i^0 = 1^0 + 2^0 + \cdots + n^0 = n$；

1 次方和的求和公式：$\sum_{i=1}^{n} i = 1 + 2 + \cdots + n = \frac{1}{2}n(n+1)$；

2 次方和的求和公式：$\sum_{i=1}^{n} i^2 = 1^2 + 2^2 + \cdots + n^2 = \frac{1}{6}n(n+1)(2n+1)$；

3 次方和的求和公式：$\sum_{i=1}^{n} i^3 = 1^3 + 2^3 + \cdots + n^3 = \left[\frac{1}{2}n(n+1)\right]^2$
$= (1 + 2 + \cdots + n)^2.$

3.1.3 指数函数

形如 $f(x) = a^x$ ($a > 0$, $a \neq 1$) 的函数称为<u>指数函数</u>，其定义域为 **R**．

在高等数学中常用到以 e 为底的指数函数 $y = e^x$，其中 e 是无理数，e ≈ 2.718 28.

因为对任意实数 x，总有 $a^x > 0$，且 $a^0 = 1$，所以指数函数的图形总在 x 轴的上方，且通过点 (0, 1)；当 $a > 1$ 时，指数函数单调增加，当 $0 < a < 1$ 时，指数函数单调减少，如图 3.1.2 所示．

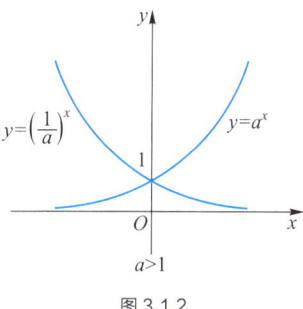

图 3.1.2

设 r，s 为实数，指数函数具有如下运算性质：

（1）$a^r \cdot a^s = a^{r+s}$；   （2）$\dfrac{a^r}{a^s} = a^{r-s}$；

（3）$(ab)^r = a^r b^r$；   （4）$(a^r)^s = a^{rs}$.

例 1 化简 $\dfrac{x^{-2} + y^{-2}}{x^{-\frac{2}{3}} + y^{-\frac{2}{3}}} - \dfrac{x^{-2} - y^{-2}}{x^{-\frac{2}{3}} - y^{-\frac{2}{3}}}$．

解 原式

$= \dfrac{\left(x^{-\frac{2}{3}}\right)^3 + \left(y^{-\frac{2}{3}}\right)^3}{x^{-\frac{2}{3}} + y^{-\frac{2}{3}}} - \dfrac{\left(x^{-\frac{2}{3}}\right)^3 - \left(y^{-\frac{2}{3}}\right)^3}{x^{-\frac{2}{3}} - y^{-\frac{2}{3}}}$

$$= \left[\left(x^{-\frac{2}{3}}\right)^2 - x^{-\frac{2}{3}} \cdot y^{-\frac{2}{3}} + \left(y^{-\frac{2}{3}}\right)^2\right] - \left[\left(x^{-\frac{2}{3}}\right)^2 + x^{-\frac{2}{3}} \cdot y^{-\frac{2}{3}} + \left(y^{-\frac{2}{3}}\right)^2\right]$$

$$= -2x^{-\frac{2}{3}} \cdot y^{-\frac{2}{3}}.$$

3.1.4 对数函数

形如 $f(x) = \log_a x\ (a > 0,\ a \neq 1)$ 的函数称为对数函数，其定义域为 $(0, +\infty)$. 特别地，当 $a = 10$ 时，对数函数 $f(x) = \log_{10} x = \lg x$ 称为常用对数函数；当 $a = e$ 时，对数函数 $f(x) = \log_e x = \ln x$ 称为自然对数函数.

对数函数与指数函数互为反函数. 对数函数的图形通过点 $(1, 0)$；当 $a > 1$ 时，对数函数是单调增加的，当 $0 < a < 1$ 时，对数函数是单调减少的，如图 3.1.3 所示.

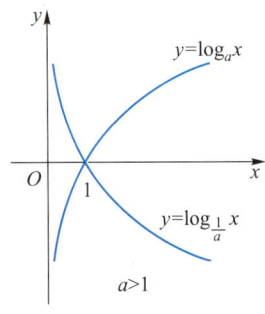

图 3.1.3

设 $M, N, a, b > 0$，且 a 与 b 不为 1，对数函数具有如下运算性质：

（1） $\log_a b = \dfrac{1}{\log_b a}$；

（2） $\log_a x = \log_a b \cdot \log_b x$；

（3） $\log_a \dfrac{M}{N} = \log_a M - \log_a N$；

（4） $\log_a M^c = c \log_a M\ (c \in \mathbf{R})$；

（5） $\log_a (M \cdot N) = \log_a M + \log_a N.$

等式（5）可以推广到有限多个的情况，即

$$\log_a(M_1 \cdot M_2 \cdot M_3 \cdot \cdots \cdot M_n) = \log_a M_1 + \log_a M_2 + \cdots + \log_a M_n,$$

其中 $M_i > 0$，$i = 1, 2, 3, \cdots, n$.

例2 设 $n, m \in \mathbf{R}$, $a, b > 0$, $a \neq 1$, 证明: $\log_{a^n} b^m = \dfrac{m}{n} \log_a b$. 并利用该结论计算 $\log_{\sqrt{3}} 27$.

证 由换底公式 $\log_a M = \dfrac{\log_b M}{\log_b a}$, 得

$$\log_{a^n} b^m = \frac{\log_a b^m}{\log_a a^n} = \frac{1}{n} \log_a b^m = \frac{m}{n} \log_a b.$$

于是 $\log_{\sqrt{3}} 27 = \log_{3^{\frac{1}{2}}} 3^3 = \dfrac{3}{\frac{1}{2}} \log_3 3 = 6$.

3.1.5 三角函数

三角函数起源于对三角形的研究,并用单位圆来描述,其自变量的单位是弧度.

三角函数包括

正弦函数 $y = \sin x$, $x \in \mathbf{R}$;

余弦函数 $y = \cos x$, $x \in \mathbf{R}$;

正切函数 $y = \tan x$, $x \neq k\pi + \dfrac{\pi}{2}, k \in \mathbf{Z}$;

余切函数 $y = \cot x$, $x \neq k\pi$, $k \in \mathbf{Z}$;

正割函数 $y = \sec x = \dfrac{1}{\cos x}$, $x \neq k\pi + \dfrac{\pi}{2}, k \in \mathbf{Z}$;

余割函数 $y = \csc x = \dfrac{1}{\sin x}$, $x \neq k\pi, k \in \mathbf{Z}$.

$y = \sin x$ 与 $y = \cos x$ 都是以 2π 为周期的周期函数,都是有界函数(图 3.1.4); $y = \tan x$ 与 $y = \cot x$ 都是以 π 为周期的周期函数,都是无界函数(图 3.1.5 与图 3.1.6); $y = \sin x$, $y = \tan x$ 及 $y = \cot x$ 都是奇函数, $y = \cos x$ 是偶函数.

在高等数学中,经常会用到各种三角恒等变换公式(也称为三角函数运算公式). 下面给出部分常见的三角函数运算公式.

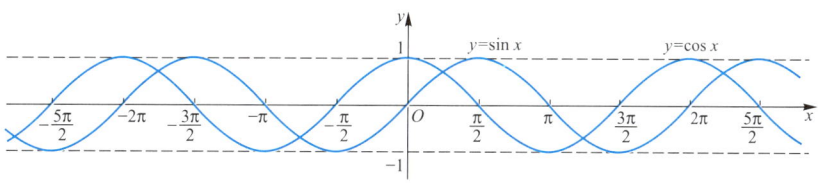

图 3.1.4

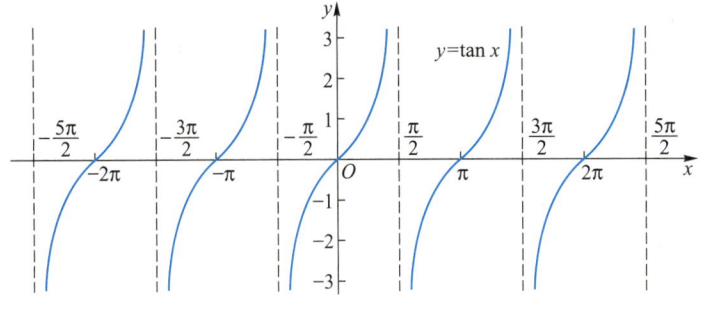

图 3.1.5

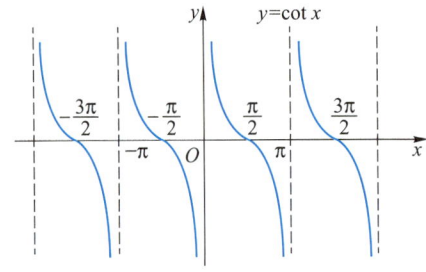

图 3.1.6

（1）同角三角函数基本关系式

$\sin^2\alpha + \cos^2\alpha = 1$, $\quad 1+\tan^2\alpha = \sec^2\alpha$, $\quad 1+\cot^2\alpha = \csc^2\alpha$；

$\tan\alpha = \dfrac{\sin\alpha}{\cos\alpha}$, $\cot\alpha = \dfrac{\cos\alpha}{\sin\alpha}$；

$\sec\alpha = \dfrac{1}{\cos\alpha}$, $\cos\alpha = \dfrac{1}{\sin\alpha}$, $\cot\alpha = \dfrac{1}{\tan\alpha}$.

上述等式可用三角函数定义验证.

（2）两角和与差的正弦、余弦和正切公式

$\sin(\alpha \pm \beta) = \sin\alpha\cos\beta \pm \cos\alpha\sin\beta$,

$\cos(\alpha \pm \beta) = \cos\alpha\cos\beta \mp \sin\alpha\sin\beta$,

$\tan(\alpha+\beta) = \dfrac{\tan\alpha + \tan\beta}{1 - \tan\alpha\tan\beta}$,

$\tan(\alpha-\beta) = \dfrac{\tan\alpha - \tan\beta}{1 + \tan\alpha\tan\beta}$.

在单位圆内利用向量内积可以证得两角差的余弦公式 ($C_{\alpha-\beta}$)

$$\cos(\alpha-\beta) = \cos\alpha\cos\beta + \sin\alpha\sin\beta.$$

在上式中，只需把公式中的 β 换成 $-\beta$，得两角和的余弦公式 ($C_{\alpha+\beta}$)

$$\cos(\alpha+\beta) = \cos\alpha\cos\beta - \sin\alpha\sin\beta.$$

利用诱导公式，由 $C_{\alpha-\beta}$ 得两角和的正弦公式 ($S_{\alpha+\beta}$)

$$\sin(\alpha+\beta) = \sin\alpha\cos\beta + \cos\alpha\sin\beta.$$

在上式中，把公式中的 β 换成 $-\beta$，得两角差的正弦公式 ($S_{\alpha-\beta}$)

$$\sin(\alpha-\beta) = \sin\alpha\cos\beta - \cos\alpha\sin\beta.$$

上述和角与差角的正弦与余弦公式作比值，可得和角的正切公式 ($T_{\alpha+\beta}$)

$$\tan(\alpha+\beta) = \frac{\tan\alpha + \tan\beta}{1 - \tan\alpha\tan\beta}$$

与差角的正切公式 ($T_{\alpha-\beta}$)

$$\tan(\alpha-\beta) = \frac{\tan\alpha - \tan\beta}{1 + \tan\alpha\tan\beta}.$$

特别地，不妨假设 $a>0$，有辅助角公式

$$f(x) = a\sin x + b\cos x = \sqrt{a^2+b^2}\sin(x+\varphi), \varphi \in \left(-\frac{\pi}{2}, \frac{\pi}{2}\right),$$

其中 $\tan\varphi = \dfrac{b}{a}$. 上式的主要作用是将多个三角函数的代数和化成单个函数，便于我们研究其图像与性质以及最值等问题.

（3）积化和差公式

$$\sin\alpha\cos\beta = \frac{1}{2}[\sin(\alpha+\beta) + \sin(\alpha-\beta)],$$

$$\cos\alpha\sin\beta = \frac{1}{2}[\sin(\alpha+\beta) - \sin(\alpha-\beta)],$$

$$\cos\alpha\cos\beta = \frac{1}{2}[\cos(\alpha+\beta) + \cos(\alpha-\beta)],$$

$$\sin\alpha\sin\beta = -\frac{1}{2}[\cos(\alpha+\beta) - \cos(\alpha-\beta)].$$

将 $S_{\alpha+\beta}$ 与 $S_{\alpha-\beta}$ 两式相加，得第一式，将 $S_{\alpha+\beta}$ 与 $S_{\alpha-\beta}$ 两式相减，得第二式，将 $C_{\alpha+\beta}$ 与 $C_{\alpha-\beta}$ 两式相加，得第三式，将 $C_{\alpha+\beta}$ 与 $C_{\alpha-\beta}$ 两式相减，得第四式.

（4）和差化积公式

$$\sin A + \sin B = 2\sin\frac{A+B}{2}\cos\frac{A-B}{2},$$

$$\sin A - \sin B = 2\cos\frac{A+B}{2}\sin\frac{A-B}{2},$$

$$\cos A + \cos B = 2\cos\frac{A+B}{2}\cos\frac{A-B}{2},$$

$$\cos A - \cos B = -2\sin\frac{A+B}{2}\sin\frac{A-B}{2}.$$

在四个积化和差公式中令 $\alpha+\beta=A$，$\alpha-\beta=B$，则 $\alpha=\dfrac{A+B}{2}$，$\beta=\dfrac{A-B}{2}$，整理便可得上述四个和差化积公式．

（5）二倍角公式

$$\sin 2\alpha = 2\sin\alpha\cos\alpha,$$
$$\cos 2\alpha = \cos^2\alpha - \sin^2\alpha = 1 - 2\sin^2\alpha = 2\cos^2\alpha - 1,$$
$$\tan 2\alpha = \frac{2\tan\alpha}{1-\tan^2\alpha}.$$

在 $S_{\alpha+\beta}$，$C_{\alpha+\beta}$，$T_{\alpha+\beta}$ 中，令 $\beta=\alpha$，可得 $\sin 2\alpha$，$\cos 2\alpha$，$\tan 2\alpha$ 的公式，分别记作 $S_{2\alpha}$，$C_{2\alpha}$，$T_{2\alpha}$．读者可类推三倍角、四倍角，甚至 n 倍角公式．

若"逆用"二倍角公式，则可得：

$$\sin^2\alpha = \frac{1-\cos 2\alpha}{2}, \quad \cos^2\alpha = \frac{1+\cos 2\alpha}{2}, \quad \tan^2\alpha = \frac{1-\cos 2\alpha}{1+\cos 2\alpha}.$$

上述公式还可变为

$$\sin\frac{\alpha}{2} = \pm\sqrt{\frac{1-\cos\alpha}{2}}, \cos\frac{\alpha}{2} = \pm\sqrt{\frac{1+\cos\alpha}{2}},$$

$$\tan\frac{\alpha}{2} = \pm\sqrt{\frac{1-\cos\alpha}{1+\cos\alpha}} = \frac{\sin\alpha}{1+\cos\alpha} = \frac{1-\cos\alpha}{\sin\alpha}.$$

（6）万能公式

$$\sin\alpha = \frac{2\tan\dfrac{\alpha}{2}}{1+\tan^2\dfrac{\alpha}{2}}, \quad \cos\alpha = \frac{1-\tan^2\dfrac{\alpha}{2}}{1+\tan^2\dfrac{\alpha}{2}}, \quad \tan\alpha = \frac{2\tan\dfrac{\alpha}{2}}{1-\tan^2\dfrac{\alpha}{2}}.$$

利用二倍角公式，可得上述三个万能公式.

由于反三角函数已在本教材的第二章详细介绍了，但为了基本初等函数的全面展示，下面仅列出其解析式.

3.1.6 反三角函数

反三角函数包括：

反正弦函数 $y = \arcsin x, x \in [-1,1], y \in \left[-\dfrac{\pi}{2}, \dfrac{\pi}{2}\right]$.

反余弦函数 $y = \arccos x, x \in [-1, 1], y \in [0, \pi]$.

反正切函数 $y = \arctan x, x \in (-\infty, +\infty), y \in \left(-\dfrac{\pi}{2}, \dfrac{\pi}{2}\right)$.

反余切函数 $y = \operatorname{arccot} x, x \in (-\infty, +\infty), y \in (0, \pi)$.

关于基本初等函数，读者要熟练掌握它们的定义域、解析表达式、函数图形及其单调性、有界性、奇偶性和周期性等性质.

例 3 已知 $\dfrac{5}{2}\pi < \alpha < 3\pi$，化简 $\sqrt{\dfrac{1}{2} + \dfrac{1}{2}\sqrt{\dfrac{1}{2} + \dfrac{1}{2}\cos 2\alpha}} + \cos\dfrac{\alpha}{2}$.

解 因为 $\dfrac{5}{2}\pi < \alpha < 3\pi$，所以 $\dfrac{5}{4}\pi < \dfrac{\alpha}{2} < \dfrac{3}{2}\pi$，则

$$\cos\alpha < 0, \sin\dfrac{\alpha}{2} < 0,$$

利用半角公式得

$$\text{原式} = \sqrt{\dfrac{1}{2} + \dfrac{1}{2}\sqrt{\dfrac{1+\cos 2\alpha}{2}}} + \cos\dfrac{\alpha}{2} = \sqrt{\dfrac{1}{2} - \dfrac{1}{2}\cos\alpha} + \cos\dfrac{\alpha}{2}$$

$$= \sqrt{\dfrac{1-\cos\alpha}{2}} + \cos\dfrac{\alpha}{2} = -\sin\dfrac{\alpha}{2} + \cos\dfrac{\alpha}{2}.$$

例 4 求 $\tan\left(\arccos\left(-\dfrac{\sqrt{2}}{2}\right) - \operatorname{arccot}\dfrac{\sqrt{3}}{3}\right)$ 的值.

解 因为 $\arccos\left(-\dfrac{\sqrt{2}}{2}\right) = \dfrac{3\pi}{4}$，$\operatorname{arccot}\dfrac{\sqrt{3}}{3} = \dfrac{\pi}{3}$，所以

$$\text{原式} = \tan\left(\dfrac{3\pi}{4} - \dfrac{\pi}{3}\right) = \dfrac{-1-\sqrt{3}}{1-\sqrt{3}} = \dfrac{(\sqrt{3}+1)^2}{2} = 2+\sqrt{3}.$$

讨论题

分别描绘出在幂函数 $y = x^\alpha$ 中，当 $\alpha = -1, \dfrac{1}{2}, \dfrac{1}{3}, 2, 3, 4$ 时，相应的函数图像.

讨论题参考答案

3.2 初等函数

3.2.1 初等函数的概念

定义 1 如果一个函数由基本初等函数经过有限次四则运算和有限次复合运算得到，并可用一个数学表达式给出，那么称其为 <u>初等函数</u>. 否则称其为 <u>非初等函数</u>. 例如，隐函数以及第四章介绍的参数方程等就是非初等函数.

例如，$y = \mathrm{e}^{x^2-1}$ 和 $y = \arcsin x^2 + \log_2 3x$ 都是初等函数.

初等函数的表达式直接明了，研究起来比较方便，应用十分广泛，是高等数学的主要研究对象，读者应该仔细体会它的结构.

问题 1 第二章学习的分段函数，在其定义域内不是用一个数学表达式给出，那么它是初等函数吗？下面举例说明.

例 1 判断下列函数是否为初等函数？并说明理由.

（1）符号函数 $y = \mathrm{sgn}\, x = \begin{cases} -1, & x < 0, \\ 0, & x = 0, \\ 1, & x > 0. \end{cases}$

（2）绝对值函数 $y = |x| = \begin{cases} -x, & x < 0, \\ x, & x \geqslant 0. \end{cases}$

（3）$f(x) = \begin{cases} -1, & x < 0, \\ 1, & x > 0. \end{cases}$ （4）$f(x) = \begin{cases} x, & 0 \leqslant x \leqslant 1, \\ 2-x, & 1 \leqslant x \leqslant 2. \end{cases}$

解 （1）因为符号函数在其定义域内分成了三段，不能由基本初等函数经过有限次四则运算或复合运算得到一个统一的数学表达式，所以它不是初等函数.

（2）因为绝对值函数 $y=|x|$ 可表示为 $y=\sqrt{x^2}$，所以绝对值函数为初等函数．

（3）因为 $f(x)=\begin{cases}-1, & x<0,\\ 1, & x>0\end{cases}=\dfrac{|x|}{x}(x\neq 0)=\dfrac{\sqrt{x^2}}{x}(x\neq 0)$，所以它是初等函数．

（4）因为在 $[0,2]$ 上，$f(x)=\begin{cases}x, & 0\leqslant x\leqslant 1,\\ 2-x, & 1<x\leqslant 2\end{cases}$

$$=\begin{cases}1-[-(x-1)], & 0\leqslant x\leqslant 1,\\ 1-(x-1), & 1<x\leqslant 2\end{cases}$$

$$=1-|x-1|=1-\sqrt{(x-1)^2},$$

所以 $f(x)$ 是初等函数．

例1中的分段函数不一定是初等函数，但在其定义域的每个子区间内对应的表达式却都是初等函数，所以仍然可以利用初等函数来研究分段函数．

3.2.2 幂指函数的定义

问题 2　形如 $x^{\sin x}, (1+x)^{\frac{1}{x}}$ 这样的函数是初等函数吗？

定义 2　若 $f(x), g(x)$ 都是初等函数，且 $f(x)>0$，称形如 $[f(x)]^{g(x)}$ 的函数为<u>幂指函数</u>．

幂指函数是高等数学中经常讨论的一类函数，它既像幂函数又像指数函数，但它既不是幂函数也不是指数函数，因为它的底和指数都含有自变量 x．利用恒等式（2.3.5），幂指函数 $[f(x)]^{g(x)}$ 可作如下恒等变形：

$$[f(x)]^{g(x)}=\mathrm{e}^{g(x)\cdot\ln f(x)}.\tag{3.2.1}$$

因此，幂指函数是初等函数．从而函数

$$x^{\sin x}=\mathrm{e}^{\sin x\cdot\ln x}\quad(x>0),$$

$$(1+x)^{\frac{1}{x}}=\mathrm{e}^{\frac{1}{x}\ln(1+x)}\quad(x>-1,\ x\neq 0)$$

都是初等函数．

注　在高等数学中，当我们讨论幂指函数的极限、连续、求导等问题时，常常都是先将其变形为（3.2.1）式的形式，再根据复合函数的极限运算法则、连续运算法则和求导运算法则而获得相应的结论.

讨论题

1. 两个非初等函数的复合函数仍然是非初等函数吗？为什么？
2. 函数 $y = \ln \sin^2 x + \arctan \sqrt{e^x} + |\cos x| + (x^2+1)^{\sin x}$ 是初等函数吗？为什么？
3. 请画出初等函数分类逻辑关系图.

讨论题参考答案

3.3 经济学中常用的函数

在经济分析中，我们往往关注成本、价格、收益等经济变量之间的关系. 例如，产品销售收入的多少依赖于产品价格和销售量，银行存款利息的多少依赖于存款时间的长短等，其本质就是找出经济变量之间的函数关系，将经济问题转化为数学问题，即建立经济数学模型.

3.3.1 需求函数与供给函数

1. 需求函数

商品的<u>需求量</u>是指消费者在一定时期内在各种可能的价格水平下愿意而且能够购买该商品的数量. 商品的需求量是由许多因素共同决定的，主要因素有该商品的价格、消费者的收入水平、其他相关商品的价格、消费者的偏好和消费者对该商品的价格预期，等等.

所谓<u>需求函数</u>是表示商品的需求量和影响该需求量的各种因素之间的关系. 假定其他因素保持不变，决定需求量的因素仅有价格，则需求函数就是商品需求量 Q_d 与商品价格 P 这两个变量间的关系，通常表示为

$$Q_d = f(P).$$

一般情况下，价格越高，商品需求量越小．因此，通常假设需求函数是单调减少的．在经济分析中，称其为需求规律．

常见的需求函数为如下的线性需求函数：

$$Q_d = a - bP,$$

其中常数 $a, b > 0, P \geqslant 0$．

需求函数有时也可以表示为

$$P = g(Q), Q \geqslant 0,$$

一般情况下，商品需求量越小，价格越高．

2. 供给函数

商品的供给量是指生产者在一定时期内在各种可能的价格水平下愿意而且能够提供该商品的数量．影响商品供给量有许多因素，例如，商品自身的价格、生产要素的价格、其他商品的价格、生产技术与工艺、生产厂商的数量，等等．

所谓供给函数是表示商品的供给量和影响该供给量的各种因素之间的关系．假定其他因素保持不变，决定供给量的因素仅有价格，则供给函数就是商品供给量 Q_s 与商品价格 P 这两个变量间的关系，通常表示为

$$Q_s = g(P).$$

一般情况下，价格越高，商品供给量越大．因此，通常假设供给函数是单调增加的．在经济分析中，称其为供给规律．

常见的供给函数为如下的线性供给函数：

$$Q_s = -c + dP,$$

其中常数 $c, d > 0, P \geqslant 0$．

3. 均衡价格与均衡数量

对一种商品而言，如果需求量等于供给量，则这种商品就达到了市场均衡．达到市场均衡时的商品价格称为均衡价格，达到市场均衡时的商品数量称为均衡数量．当市场均衡时，有

$$Q_s = Q_d.$$

利用上式可以求出均衡价格与均衡数量．

例 1 市场中某种商品的需求函数为 $Q_d = 25 - P$，P 表示商品的价格，而该商品的供给函数为

$$Q_s = \frac{20}{3}P - \frac{40}{3},$$

试求市场均衡价格和均衡数量．

解 由均衡条件 $Q_d = Q_s$，得

$$25 - P = \frac{20}{3}P - \frac{40}{3}.$$

解方程，得 $P = 5$.

当 $P = 5$ 时，$Q_d = Q_s = 20$，即市场均衡价格为 5，均衡数量为 20．

注 一般情况下，为了简化讨论，假设市场上的需求量、销售量、产量相等．

3.3.2 成本、收益与利润函数

1. 成本函数

商品成本是以货币形式表示企业生产和销售商品的总投入，在不考虑一些次要因素的情况下，成本函数表示了总成本与产量（或销售量）之间的依赖关系，通常记为 $C(Q)$.

成本包括两部分：固定成本和可变成本．固定成本 C_0 与产量 Q 无关，如设备维修费、企业管理费等都是固定成本；可变成本 $C_1(Q)$ 随产量 Q 变化而变化，如消耗的材料费、燃料费等都是可变成本．所以

$$C(Q) = C_0 + C_1(Q) \quad (Q \geq 0).$$

平均成本是平均每一单位商品的成本，记为 $\overline{C}(Q)$，于是

$$\overline{C}(Q) = \frac{C(Q)}{Q}.$$

例 2 已知某商品的成本函数是线性函数，若产量为零时成本为 100 元，产量为 100 时成本为 400 元，试求：

（1）成本函数和固定成本；

（2）产量为 200 时的成本和平均成本．

解 （1）设成本函数为

$$C(Q) = C_0 + aQ,$$

其中 a 为常数，C_0 为固定成本，依题意得

$$\begin{cases} C(0) = C_0 + a \times 0 = 100, \\ C(100) = C_0 + a \times 100 = 400. \end{cases}$$

解方程组，得 $C_0 = 100$，$a = 3$. 则

$$C(Q) = 100 + 3Q.$$

（2） $C(200) = 100 + 3 \times 200 = 700$（元），

$$\bar{C}(200) = \left.\frac{C(Q)}{Q}\right|_{Q=200} = \frac{700}{200} = 3.5 \text{（元）}.$$

2. 收益函数

收益是厂商出售商品后的全部收入．设 R 是收益，Q 是销售量，则 R 与 Q 之间的函数关系称为收益函数，记为

$$R = R(Q) \quad (Q \geqslant 0).$$

平均收益是平均每一单位商品的销售收入，记为 $\bar{R}(Q)$，于是

$$\bar{R}(Q) = \frac{R(Q)}{Q}.$$

例3 设某商品的需求函数为 $Q = 1\,000 - 5P$，P 为该商品的价格，试求该商品的收益函数 $R(Q)$，并求销量为 200 时的收益．

解 由需求函数可解得 $P = 200 - \dfrac{Q}{5}$，从而该商品的收益函数为

$$R = Q\left(200 - \frac{Q}{5}\right) = 200Q - \frac{Q^2}{5},$$

则 $R(200) = 200 \times 200 - \dfrac{200^2}{5} = 32\,000.$

3. 利润函数

利润为收益与成本之差，记为 $\pi(Q)$，则利润函数为

$$\pi(Q) = R(Q) - C(Q) \quad (Q \geqslant 0).$$

当 $\pi(Q) = R(Q) - C(Q) > 0$ 时，生产者盈利；当 $\pi(Q) = R(Q) - C(Q) < 0$ 时，生产者亏损；当 $\pi(Q) = R(Q) - C(Q) = 0$ 时，生产者盈亏平衡．

使 $\pi(Q) = 0$ 的点 Q_0 称为**盈亏平衡点**.

例4 设某商品的成本函数和收益函数分别为

$$C(Q) = 7 + 2Q + Q^2, \quad R(Q) = 10Q.$$

（1）求该商品的利润函数；

（2）求销量为 4 时的利润；

（3）当销量为 10 时，是盈利还是亏损？

解 （1）利润函数 $\pi(Q) = R(Q) - C(Q) = 8Q - 7 - Q^2$；

（2）$\pi(4) = 8 \times 4 - 7 - 4^2 = 9$；

（3）因为 $\pi(10) = 8 \times 10 - 7 - 10^2 = -27 < 0$，所以销量为 10 时，是亏损的.

讨论题

1. 需求函数一般都是线性函数吗？
2. 均衡价格和均衡数量是固定不变的吗？
3. 对于厂商来说，是不是卖出的东西越多，得到的利润就越多？

讨论题参考答案

3.4 不等式

相等关系和不等关系是数学中最基本的数量关系. 相对于等量关系而言，自然界更多存在的是不等量关系. 我们在中学已经学习过一次函数、二次函数与不等式，知道了不等式与函数之间具有内在联系，可以用函数的观点把它们统一起来，这是数学知识的联系性与整体性的体现.

在高等数学中，我们常常会遇到一些不等式的运算. 例如，在讨论极限问题时，需要运用不等式的放缩法，等等. 在这一节里，我们将介绍一元 n 次不等式的解法、常用的不等式、不等式的放缩法以及不等式的简单应用等内容.

3.4.1 一元 n 次不等式

形如 $a_n x^n + a_{n-1} x^{n-1} + \cdots + a_1 x + a_0 (a_n \neq 0)$ 的函数称为 n 次多项式函数，记为 $P_n(x)$，即

$$P_n(x) = a_n x^n + a_{n-1} x^{n-1} + \cdots + a_1 x + a_0.$$

特别地，$y = ax + b\ (a \neq 0)$ 为一次函数，$y = ax^2 + bx + c\ (a \neq 0)$ 为二次函数. 在中学，我们学习了从函数的观点看对应的不等式，进而得到了相应的一元一次不等式和一元二次不等式的求解方法.

1. 一元二次不等式

由初等数学，我们可根据抛物线的图像特点得到一元二次不等式的解集如下：

判别式	一元二次不等式			
	$ax^2+bx+c>0$	$ax^2+bx+c\geq 0$	$ax^2+bx+c<0$	$ax^2+bx+c\leq 0$
$\Delta > 0$	$(-\infty, x_1) \cup (x_2, +\infty)$	$(-\infty, x_1] \cup [x_2, +\infty)$	(x_1, x_2)	$[x_1, x_2]$
$\Delta = 0$	$\left(-\infty, -\dfrac{b}{2a}\right) \cup \left(-\dfrac{b}{2a}, +\infty\right)$	$\mathbf{R}$	$\varnothing$	$\left\{x \mid x = -\dfrac{b}{2a}\right\}$
$\Delta < 0$	$\mathbf{R}$	$\mathbf{R}$	$\varnothing$	$\varnothing$

其中 $a > 0$，$\Delta = b^2 - 4ac$，x_1，x_2 为 $ax^2 + bx + c = 0$ 的两个实根，且 $x_1 < x_2$.

例 1 求不等式 $x^2 + x - 2 < 0$ 的解集.

解 因为 $x^2 + x - 2 = (x+2)(x-1) < 0$，由上表得所求解集为 $-2 < x < 1$.

2. 高次不等式

由代数学知，多项式 $P_n(x)$ 在实数范围内总能分解成一次因式与二次质因式的乘积，即

$$P_n(x) = b_0 (x - x_1)^{r_1} \cdots (x - x_k)^{r_k} (x^2 + p_1 x + q_1)^{s_1} \cdots (x^2 + p_l x + q_l)^{s_l}, \quad (3.4.1)$$

其中 b_0，p_j，q_j 为常数，r_i，s_j 为正整数，$p_j^2 - 4q_j < 0\ (j = 1, 2, \cdots, l)$，且 $r_1 + \cdots + r_k + 2s_1 + \cdots + 2s_l = n$，$x_i\ (i = 1, 2, \cdots, k)$ 为一元 n 次方程

$$P_n(x) = b_0 (x - x_1)^{r_1} \cdots (x - x_k)^{r_k} (x^2 + p_1 x + q_1)^{s_1} \cdots (x^2 + p_l x + q_l)^{s_l} = 0 \tag{3.4.2}$$

对应重数为 r_i 的实根.

定义 3 形如

$$P_n(x) = (x-x_1)^{r_1}\cdots(x-x_k)^{r_k}(x^2+p_1x+q_1)^{s_1}\cdots(x^2+p_lx+q_l)^{s_l} > 0,$$
$$P_n(x) \geq 0,\ P_n(x) < 0,\ P_n(x) \leq 0 \quad (3.4.3)$$

的不等式称为一元 n 次不等式 $(n \in \mathbf{N})$.

当 $n \geq 2$ 时,称不等式 (3.4.3) 为<u>一元高次不等式</u>.

例如,$(x-x_1)(x-x_2)^2(x-x_3)(x^2+px+q)>0$ 是 6 次不等式,当 $p^2-4q<0$ 时,对应的一元 6 次方程有两个单根 x_1 和 x_3,有一个二重根 x_2.

解一元高次不等式 (3.4.3) 常用数轴穿根法 (又称穿针引线法),其一般步骤是

(1) 将不等式化为一端为 0,另一端为一次因式或二次不可约因式 (其判别式 $\Delta<0$) 的积的形式,并使每个因式最高次项的系数为正;

(2) 求根,标根. 求出各一次因式的根,并在数轴上从小到大依次标出;

(3) 画曲线. 从数轴的最右端上方起,自右至左依次经过各个点 (根) 画曲线 (若出现重根,则奇次重根一穿而过,偶次重根穿而不过);

(4) 写解集. 记数轴上方为正,下方为负,根据不等式的方向,写出不等式的解集.

例 2 解不等式

$$x(3x-6-x^2)(x-2)^2(x-4)(x+5)>0. \quad (3.4.4)$$

解 不等式 (3.4.4) 等价于

$$x(x-2)^2(x-4)(x+5)(x^2-3x+6)<0, \quad (3.4.5)$$

因为 x^2-3x+6 的判别式 $\Delta = -15<0$,所以不等式 (3.4.5) 和不等式

$$x(x-2)^2(x-4)(x+5)<0$$

同解. 利用数轴穿根法 (如图 3.4.1 所示),得到不等式 (3.4.4) 的解集为 $(-\infty,\ -5) \cup (0,\ 2) \cup (2,\ 4)$.

注 1 偶次重根穿而不过的意思是:如果根的重数是偶数,则曲线不穿过该点,如图 3.4.1 中 $x=2$ 所示.

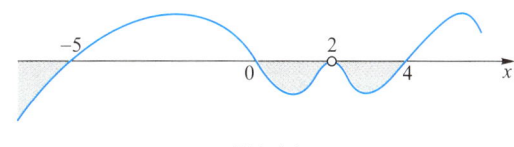

图 3.4.1

3.4.2 常用的不等式

下面介绍几个常用的不等式.

1. 均值不等式

我们知道，对任意的 $a, b \in \mathbf{R}$，有 $(a-b)^2 \geqslant 0$，则利用完全平方公式，有

$$a^2 + b^2 \geqslant 2ab,$$

当且仅当 $a = b$ 时，上式中等号成立. 上式为基本不等式的原始形式，由此，可推出基本不等式的一般形式，即均值不等式：

设 a 和 b 都是非负实数，则

$$\frac{a+b}{2} \geqslant \sqrt{ab},$$

当且仅当 $a = b$ 时，等号成立.

基本不等式还可变形为不等式

$$ab \leqslant \left(\frac{a+b}{2}\right)^2, \quad a, b \in \mathbf{R}_+,$$

$$a^2 + b^2 \geqslant \frac{1}{2}(a+b)^2, \quad a, b \in \mathbf{R},$$

请读者自行证明.

注 2 由 $\frac{a+b}{2} \geqslant \sqrt{ab}$ 和 $ab \leqslant \left(\frac{a+b}{2}\right)^2$ 两个不等式易知，当两个正数的积为定值时，它们的和有最小值；当两个正数的和为定值时，它们的积有最大值.

更一般地，设 $a_1, a_2, \cdots, a_n$ 为 n 个非负实数，则有

$$\frac{a_1 + a_2 + \cdots + a_n}{n} \geqslant \sqrt[n]{a_1 a_2 \cdots a_n}, \tag{3.4.6}$$

当且仅当 $a_1 = a_2 = \cdots = a_n$ 时，等号成立.

通常也称 (3.4.6) 式为基本不等式，其中 $\dfrac{a_1+a_2+\cdots+a_n}{n}$ 叫做非负实数 $a_1, a_2, \cdots, a_n$ 的算术平均数，$\sqrt[n]{a_1 a_2 \cdots a_n}$ 叫做非负实数 $a_1, a_2, \cdots, a_n$ 的几何平均数.

基本不等式表明 n 个正数的算术平均数不小于它们的几何平均数.

基本不等式在解决实际问题中有着广泛的应用，是解决最大（小）值问题的有力工具.

例3 要制作一个底面面积为 $4\,\text{m}^2$，高为 $1\,\text{m}$ 的无盖长方体容器，已知该容器的底面造价是 20 元 $/\text{m}^2$，侧面造价是 10 元 $/\text{m}^2$，试求该容器的最低总造价.

解 设该容器的总造价为 y 元，长方体的底面矩形的长（单位：m）为 x（$x>0$），因为无盖长方体的底面面积为 $4\,\text{m}^2$，所以长方体的底面矩形的宽为 $\dfrac{4}{x}$，依题意得

$$y = 20\times 4 + 10\left(2x + \dfrac{2\times 4}{x}\right) = 80 + 20\left(x + \dfrac{4}{x}\right)$$

$$\geqslant 80 + 20\cdot 2\sqrt{x\cdot \dfrac{4}{x}} = 160(元).$$

当且仅当 $x=2$ 时，取得容器的最低总造价 160 元.

在实际中，还用到以下不等式，请读者自行证明. 设 $a, b, c, d \in \mathbf{R}$，则

（1）$a^2 + b^2 + c^2 \geqslant ab + bc + ac$；

（2）$a^3 + b^3 + c^3 \geqslant 3abc$；

（3）$(a^2 + b^2)(c^2 + d^2) \geqslant (ac + bd)^2$.

2. 绝对值不等式

$$\bigl||a| - |b|\bigr| \leqslant |a+b| \leqslant |a| + |b|.$$

当且仅当 a, b 同号时，右端等号成立；当且仅当 a, b 异号时，左端等号成立.

绝对值不等式可以推广到有限多个数的情形，即对任意 n 个实数 $a_1, a_2, \cdots, a_n$，有

$$|a_1 + a_2 + \cdots + a_n| \leqslant |a_1| + |a_2| + \cdots + |a_n|.$$

当且仅当 $a_1, a_2, \cdots, a_n$ 同号时等号成立.

注 3 有关绝对值不等式的证明,参见本书 5.4 节.

3. 三角函数的基本不等式

(1) 对任何 x, 有 $|\sin x| \leqslant |x|$, 即 $\sin x \begin{cases} < x, & x > 0, \\ = x, & x = 0, \\ > x, & x < 0. \end{cases}$

(2) 当 $-\dfrac{\pi}{2} < x < \dfrac{\pi}{2}$ 时, $|x| \leqslant |\tan x|$.

在上述两个不等式中,等号当且仅当 $x = 0$ 时成立.

例 4 证明:$\sin x < x < \tan x \left(0 < x < \dfrac{\pi}{2}\right)$.

证 当 $0 < x < \dfrac{\pi}{2}$ 时,在图 3.4.2 的单位圆中,设圆心角 $\angle AOB = x$, 点 A 处的切线与 OB 的延长线相交于 D, 又 $BC \perp OA$, 则 $\sin x = BC$, $\tan x = AD$.

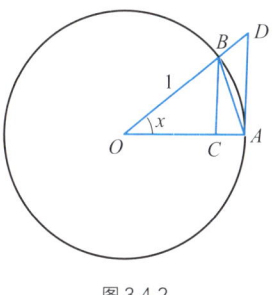

图 3.4.2

因为 $\triangle AOB$ 的面积 $<$ 圆扇形 AOB 的面积 $< \triangle AOD$ 的面积,所以

$$\frac{1}{2}\sin x < \frac{1}{2}x < \frac{1}{2}\tan x,$$

即

$$\sin x < x < \tan x \left(0 < x < \frac{\pi}{2}\right). \tag{3.4.7}$$

3.4.3 不等式的放缩法

在一些实际问题的研究中,需要把不等式中的某些部分的值放大或缩小,进而简化不等式,从而达到证明的目的,我们把这种方法称为不等式的*放缩法*.

1. 放缩法的主要理论依据有以下五条：

（1）不等式的传递性（即 $a<b, b<c \Rightarrow a<c$）；

（2）等量加不等量为不等量；

（3）同分子（分母）、异分母（分子）的两个分式大小的比较；

（4）均值不等式与绝对值不等式；

（5）函数的有界性等．

2. 常见的放缩类型有下面四种：

（1）直接放缩；

（2）裂项放缩；

（3）利用数列或函数的单调性放缩；

（4）利用常用不等式放缩．

例 5 求证：

$$1+\frac{1}{3^2}+\frac{1}{5^2}+\cdots+\frac{1}{(2n-1)^2}>\frac{7}{6}-\frac{1}{2(2n+1)}(n>1, n\in \mathbf{Z}).$$

证 因为 $\frac{1}{(2n-1)^2}>\frac{1}{(2n-1)(2n+1)}=\frac{1}{2}\left(\frac{1}{2n-1}-\frac{1}{2n+1}\right)$，所以裂项得

$$1+\frac{1}{3^2}+\frac{1}{5^2}+\cdots+\frac{1}{(2n-1)^2}>1+\frac{1}{2}\left(\frac{1}{3}-\frac{1}{5}+\frac{1}{5}-\frac{1}{7}+\cdots+\frac{1}{2n-1}-\frac{1}{2n+1}\right)$$
$$=1+\frac{1}{2}\left(\frac{1}{3}-\frac{1}{2n+1}\right)=\frac{7}{6}-\frac{1}{2(2n+1)}.$$

讨论题

1. 试证明基本不等式（3.4.6）．

2. 数轴标根穿线法可以从左边开始穿根吗？为什么？

讨论题参考答案

习题 3

1. 选择题．

（1）下列函数中，在其定义域内既是奇函数又是减函数的是（　　）．

A. $y=-x^3$ B. $y=-\sin x$ C. $y=\dfrac{1}{x}$ D. $y=\left(\dfrac{1}{2}\right)^x$

（2）函数 $f(x)=2^x-2^{-x}$ 的图像关于（　　）.

A. 直线 $y=x$ 对称　　　　B. 直线 $y=-x$ 对称

C. y 轴对称　　　　　　　D. 原点对称

（3）已知函数 $y=f(x)=\begin{cases}3^{x+1}, & x\leqslant 0,\\ \log_2 x, & x>0.\end{cases}$ 若 $f(x_0)>3$，则 x_0 的取值范围是（　　）.

A. $x_0>8$　　　　　　　　B. $x_0<0$ 或 $x_0>8$

C. $0<x_0<8$　　　　　　　D. $x_0<0$ 或 $0<x_0<8$

（4）下列函数中，是初等函数的为（　　）.

A. $y=\left[\dfrac{\sin(e^x-1)}{\lg(1+x^2)}\right]^{\frac{1}{2}}$，$x\in\mathbf{R}$　　B. $y=\begin{cases}\dfrac{x^2-1}{x-1}, & x\neq 1,\\ 0, & x=1\end{cases}$

C. $y=\sqrt{1-x^2}$，$x>1$　　D. $y=\sqrt{-2-\sin x}$，$x\in\mathbf{R}$

（5）某工厂生产某商品，每日最多生产100个单位．日固定成本为130元，生产每一个单位商品的可变成本为6元，则该厂每日的总成本函数为（　　）.

A. $C(x)=130+6x\,(x\geqslant 0)$　　B. $C(x)=6x\,(0\leqslant x\leqslant 100)$

C. $C(x)=130+6x\,(0\leqslant x\leqslant 100)$　D. $C(x)=100+6x\,(0\leqslant x\leqslant 100)$

（6）不等式 $(x+2)(x^2-x-12)>0$ 的解集为（　　）.

A. $x>4$　　　　　　　　B. $-2<x<4$

C. $-3<x<-2$　　　　　　D. $-3<x<-2$ 或 $x>4$

（7）对于任意 $x\in(1,a)$，设 $f(x)=\log_a x$，则下列选项中正确的是（　　）.

A. $f(f(x))<f(x^2)<[f(x)]^2$　　B. $f(f(x))<[f(x)]^2<f(x^2)$

C. $f(x^2)<f(f(x))<[f(x)]^2$　　D. $[f(x)]^2<f(x^2)<f(f(x))$

（8）已知命题"$\forall x\in\mathbf{R},\,ax^2+4x+1>0$"是假命题，则实数 a 的取值范围是（　　）.

A. $(4,+\infty)$　B. $(0,4]$　C. $(-\infty,4]$　D. $[0,4)$

（9）设 a,b 是实数，且 $a+b=3$，则 2^a+2^b 的最小值是（　　）.

A. 6　　　　　　B. $4\sqrt{2}$　　　　C. $2\sqrt{6}$　　　　D. 8

（10）$a=1$ 是函数 $y=\cos^2 ax-\sin^2 ax$ 的最小正周期为 π 的（　　）．

　　A. 充分不必要条件　　　　B. 必要不充分条件

　　C. 充要条件　　　　　　　D. 既非充分也非必要条件

2. 计算或化简下列各式．

（1）$2^{1+\log_2 5}$；

（2）$\log_{10} 8+3\log_{10} 5+\log_{\sqrt{10}} 100$；

（3）$\sqrt[3]{a^3}+\sqrt{b^2}$ $(a,b\in\mathbf{R})$；

（4）$\dfrac{a^2}{\sqrt{a\sqrt[3]{a^2}}}(a\in\mathbf{R}_+)$；

（5）$\tan 1°\tan 2°\cdots\tan 45°\tan 46°\cdots\tan 88°\tan 89°$；

（6）$\cos^2 20°+\cos^2 100°+\cos^2 140°$；

（7）$\dfrac{\cos\alpha+\cos 3\alpha+\cos 5\alpha+\cos 7\alpha}{\sin\alpha+\sin 3\alpha+\sin 5\alpha+\sin 7\alpha}$；

（8）$\sin\left[\arccos\left(-\dfrac{\sqrt{2}}{3}\right)\right]$；

（9）$\cos^2\left(\dfrac{1}{2}\arccos\dfrac{3}{5}\right)$；

（10）$\arctan\dfrac{1}{2}+\arctan\dfrac{1}{3}$；

（11）$\sin\left(\arctan\dfrac{12}{5}-\arcsin\dfrac{3}{5}\right)$；

（12）$\tan\left[\arccos(-1)+\arcsin\left(-\dfrac{1}{2}\right)\right]$．

3. 求解下列各题．

（1）已知 $f^{-1}(\log_a x)=x^2+1(a>0,a\neq 1)$，求 $f(x)$；

（2）设 $f(x)=e^{x^2}$，$f(\varphi(x))=1-x$，且 $\varphi(x)>0$，求 $\varphi(x)$ 及其定义域；

（3）已知 $\sin(\pi-\alpha)=\log_8\dfrac{1}{4}$，且 $\alpha\in\left(-\dfrac{\pi}{2},0\right)$，求 $\tan(2\pi-\alpha)$；

（4）已知 θ 是第三象限角，且 $\sin^4\theta+\cos^4\theta=\dfrac{5}{9}$，求 $\sin 2\theta$ 的值；

（5）已知 $\sin\theta=\dfrac{m-3}{m+5}$，$\cos\theta=\dfrac{4-2m}{m+5}\left(\dfrac{\pi}{2}<\theta<\pi\right)$，求 $\tan\dfrac{\theta}{2}$ 的值；

（6）已知 $\cos 2\alpha=\dfrac{7}{25}$，$\alpha\in\left[0,\dfrac{\pi}{2}\right]$；$\sin\beta=-\dfrac{5}{13}$，$\beta\in\left[\pi,\dfrac{3\pi}{2}\right]$，求 $\alpha+\beta$ 的值．

4. 判断下列函数是否为初等函数，并说明理由．

（1）$y=\cos x-\sqrt{2\sin x-1}$；

（2）$y=\begin{cases}x^2+1,&-1<x\leqslant 2\\\cos x+\sin x,&2<x\leqslant 4\end{cases}$；

（3）$y=|\sin x|+\ln 2x$； （4）$f(x)=\begin{cases}x+2, & -2\leqslant x\leqslant -1,\\ -x, & -1<x\leqslant 1;\end{cases}$

（5）$f(x)=\begin{cases}2, & x<1,\\ 4, & x>1;\end{cases}$ （6）由方程 $x^3+y^3=6xy$ 确定的函数．

5. 已知需求函数和供给函数分别为 $Q_d=14-1.5P$，$Q_s=4P-5$，求市场均衡价格．

6. 某工厂生产某商品年产量为 x 台，每台售价 500 元，当年产量超过 800 台时，超出部分只能按 9 折出售，这样可多售出 200 台，如果再多生产，本年就售价不出去了．试写出本年的收益函数．

7. 收音机每台售价为 90 元，成本为 60 元，厂方为了鼓励销售商大量采购，决定凡是订购量超过 100 台的，每多订购 1 台，售价就降低 1 元，但最低价为每台 75 元．

（1）将每台的实际售价 P 表示为订购量 x 的函数；

（2）将厂方所获的利润 π 表示成订购量 x 的函数；

（3）某一商行订购了 1 000 台，厂方可获多少利润？

8. 某工厂生产某种商品，年产量（单位：t）为 a，分若干批进行生产，每批准备费（单位：元）为 b，设商品均匀投放市场，即平均库存量为批量的一半．再设每年每吨商品库存费（单位：元）为 c，显然，生产批量大库存费高；生产批量少则批数多，准备费增加．为了选择最优批量，试求出一年中库存费与生产准备费之和与批量的关系．

9. 某购销合同的商品经过核算，固定成本为 10 万元，单位商品的可变成本为 100 元．购买方接受该产品的售价为 300 元，求

（1）销售公司必须签订多少件商品才不会亏本？

（2）销售公司力争第一年盈利 10 万元，购买方需要订货多少件？

（3）若购买方提出，每件商品售价压低 50 元，一年可以购买 2 000 件，销售公司能否同意签约？

10. 求解下列不等式．

（1）$\left(\dfrac{1}{2}\right)^{3x-1}\leqslant 2$； （2）$\log_2(2^x-1)\cdot\log_2(2^{x+1}-2)<2$；

（3）$\sin x\geqslant\dfrac{\sqrt{3}}{2}$； （4）$\sin x>\cos x$；

（5）$\arccos x > \arccos(1-x)$；　　（6）$\arctan x > \dfrac{\pi}{3}$；

（7）$x(x-1)(x-2)^2(x^2-1)(x^3-1) > 0$；

（8）$x(x+2)^3(2x^2-2x-4)(x-5)(x-2) \leq 0$．

11. 求解下列各题．

（1）不等式 $|ax+b| < 3$ 的解集是 $-1 < x < 2$，求 ab 的值；

（2）已知 $f(x) = 3^{2x} - (k+1)3^x + 2$，当 $x \in \mathbf{R}$ 时，$f(x)$ 恒为正值，求 k 的取值范围；

（3）设 $x, y, z \in \mathbf{R}_+$，且 $3^x = 4^y = 6^z$，请从小到大排列 $3x, 4y, 6z$，并说明理由．

12. 证明下列等式或不等式．

（1）在 $\triangle ABC$ 中，有 $\cos A + \cos B + \cos C = 1 + 4\sin\dfrac{A}{2}\sin\dfrac{B}{2}\sin\dfrac{C}{2}$；

（2）在 $\triangle ABC$ 中，有 $\tan A + \tan B + \tan C = \tan A \tan B \tan C$；

（3）$\dfrac{1}{\log_5 19} + \dfrac{2}{\log_3 19} + \dfrac{3}{\log_2 19} < 2$；

（4）$\triangle ABC$ 的三边长 a, b, c 的倒数成等差数列，求证：$\angle B < 90°$；

（5）$\dfrac{1}{1^2} + \dfrac{1}{2^2} + \cdots + \dfrac{1}{n^2} < \dfrac{7}{4}$；

（6）$\dfrac{1}{n}\left(1 + \dfrac{1}{2} + \cdots + \dfrac{1}{n}\right) > \sqrt[n]{n+1} - 1 \,(n \in \mathbf{N}, n > 1)$；

（7）已知 $x > 0, y > 0, z > 0$，求证：$\sqrt{x^2 + xy + y^2} + \sqrt{y^2 + yz + z^2} > x + y + z$；

（8）当 $n > 1$ 时，$n! < \left(\dfrac{n+1}{2}\right)^n$ 成立；

（9）$0 < 1 - \dfrac{\sin x}{x} < \dfrac{x^2}{2} \,(x > 0)$；

（10）利用均值不等式证明数列 $\left\{\left(1 + \dfrac{1}{n}\right)^n\right\}$ 是有界的；

（11）$\left(1 + \dfrac{1}{n+1}\right)^n < \left(1 + \dfrac{1}{x}\right)^x < \left(1 + \dfrac{1}{n}\right)^{n+1}$ （$x > 0$，n 为正整数）．

13. 求函数 $y = \log_2\left(x + \dfrac{1}{x-1} + 5\right)(x > 1)$ 的最小值．

14. 某食品厂定期购买面粉，已知该厂每天需用面粉 6 t，每吨面粉的价格为 1 800 元，面粉的保管等其他费用为平均每吨每天 3 元，购买面粉每次需支付运费 900 元.

（1）求该厂多少天购买一次面粉，才能使平均每天所支付的总费用最少？

（2）若提供面粉的公司规定，一次性购买面粉不少于 210 t，则可享受 9 折优惠（即原价的 90%），问该厂是否应考虑接受此优惠条件？请说明理由.

| 第四章 | 曲线的极坐标方程与参数方程 |

  在直角坐标系和极坐标系下描述函数曲线是高等数学研究的内容之一.

  本章主要介绍极坐标系、常用曲线的极坐标方程和参数方程.

学习目标:

1. 深刻理解极坐标系的概念.
2. 掌握极坐标与直角坐标在刻画点的位置时的区别.
3. 掌握极坐标和直角坐标的相互转化.
4. 能在极坐标系中给出简单曲线（如过极点的直线、过极点或圆心在极点的圆）的方程；通过比较这些曲线的极坐标方程和直角坐标方程，理解用方程表示平面图形时选择适当坐标系的意义.
5. 了解参数方程、参数的意义.
6. 了解选择参数的常用方法，掌握几类常见曲线（如直线、圆、圆锥曲线等）的参数方程.
7. 了解摆线、星形线、心形线的生成过程及其解析表示.

曲线是一个抽象的数学概念，它是一个只有长度没有宽度的几何对象．直观来讲，曲线就是平面或空间中按一定条件变动的点的轨迹．生活中能找到许多曲线的例子，以下给出的三个示例．

示例 1　如果在自行车的轮子上喷一个蓝色印记点，那么当自行车在笔直的道路上行驶时，这个蓝色印记点会画出什么样的曲线呢？

数学上把这个蓝色印记点画出的曲线叫做平摆线，简称摆线，其图像如图 4.0.1 所示．

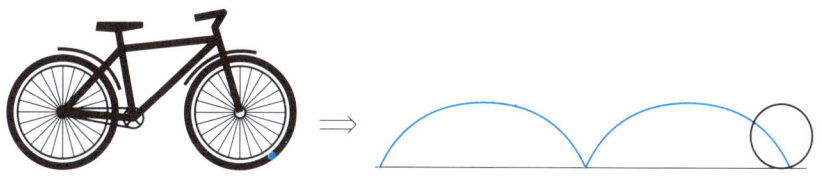

图 4.0.1　摆线

微视频 1
极坐标系

示例 2　示例 1 展示的摆线是由圆沿着直线滚动而得到的，但如果这里的圆不沿直线滚动，而是沿更大的一个圆的内侧滚动，那么圆上的蓝色印记点又会画出什么样的曲线呢？

数学上把这个蓝色印记点画出的曲线（因其形状像夜空中光芒四射的星星而得名）叫做星形线，其图像如图 4.0.2 所示．

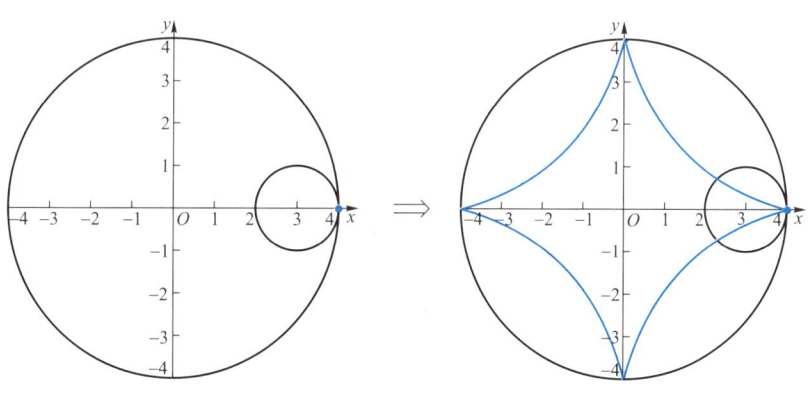

图 4.0.2　星形线

星形线的性质　星形线上每一点对应的切线界于 x 轴和 y 轴之间的线段长度是不变的，如图 4.0.3 所示．

星形线的应用　普通的房门是完整的一扇，一般的校门是对开的两扇，而公共汽车的门不但是对开的两扇，而且每一扇都由相同的两

95

半用铰链铰接而成.开门关门时,以靠近门轴的半扇绕着门轴旋转,另半扇的外端沿着连接两个门轴的滑槽滑动,开门时一扇门折拢成为半扇,关门时又重新伸展成一扇.公共汽车的这个特殊门就是根据星形线设计制造的,如图 4.0.3 所示.

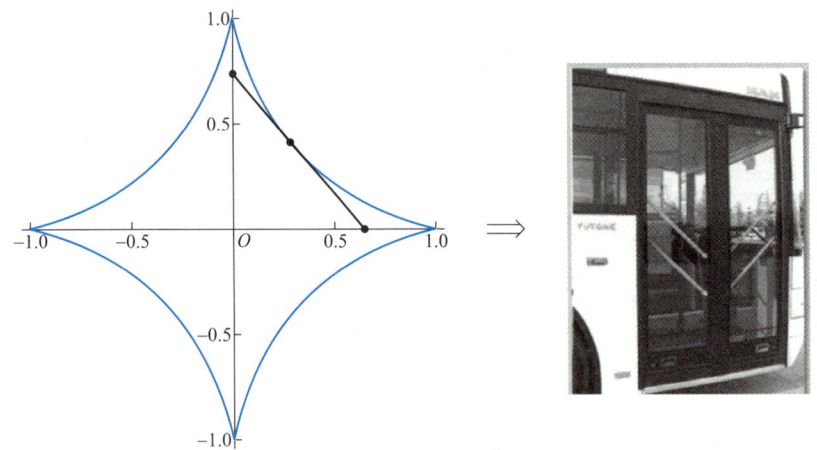

图 4.0.3　星形线与公共汽车的内摆门

示例 3　如果示例 1 的圆周不是沿着直线滚动,而是沿着与其相切且半径相同的另一个圆周滚动时,那么圆上的蓝色印记点又会画出什么样的曲线呢?

数学上把这个蓝色印记点画出的曲线(因其形状像心形而得名)叫做心形线,如图 4.0.4 所示.

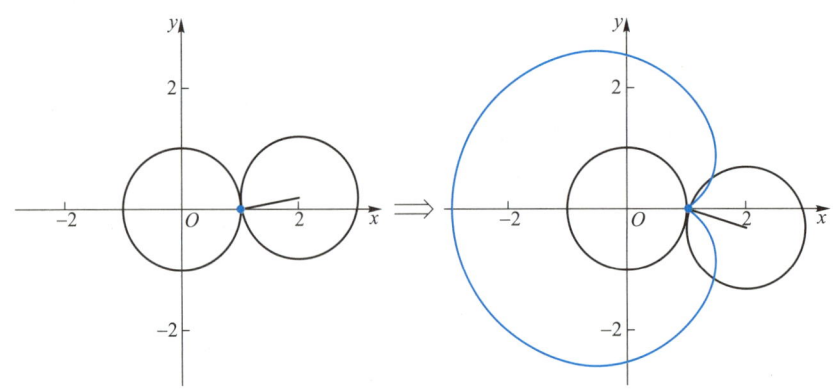

图 4.0.4　心形线

从以上三个示例可以看出动点在其运动过程中形成了轨迹,那么我们如何用解析的方法来描述它们呢?

下面我们将在读者熟悉的直角坐标系的基础上介绍如何通过极坐标方程或参数方程来反映曲线上那些动点的运动轨迹．

4.1 极坐标系

4.1.1 极坐标系的概念

引例 图 4.1.1 是某校园的平面示意图．

假设某同学在教学楼 A 处，请回答下列问题：

（1）他向东偏北 $60°$ 方向走 120 m 后到达什么位置？该位置唯一确定吗？

（2）如果有人向他打听体育馆和办公楼的位置，他应如何描述？

解 观察图 4.1.1，可得

（1）这位同学向东偏北 $60°$ 方向走 120 m 后将到达图书馆，该位置唯一确定．

（2）从 A 出发，向正东方向走 60 m 就到了体育馆 B 处；从 A 出发，向北偏西 $45°$ 方向走 50 m 便可达到办公楼．

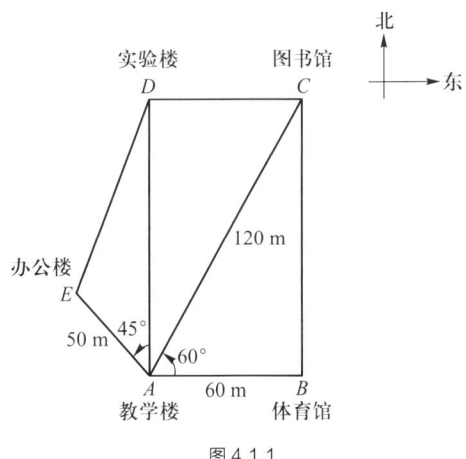

图 4.1.1

像这样以 A 为基点，射线 AB 为参照方向，利用与 A 的<u>距离</u>、与 AB 所成的<u>角</u>这两个要素就可以刻画平面上点的位置了，这便是极坐标系．通过引例，我们发现除了用直角坐标来确定平面上点的位置以外，还可以通过极坐标来确定平面上的点的位置，且有时用极坐标来刻画点的位置比用直角坐标更方便．例如，在台风预报、航空、航海中就主要采用极坐标来描述．

问题 1 如何定义极坐标系呢？

类比平面直角坐标系的建立过程，下面来建立用距离与角度这两个要素来确定平面上点的位置的极坐标系．

1. 极坐标系的定义

定义 1 在平面上取一个定点 O，由点 O 引一条射线 Ox，并确定一个长度单位、一个角度单位（通常取为弧度）及其正方向（通常取逆时针方向），这样建立的坐标系称为极坐标系，如图 4.1.2（a）所示．定点 O 叫做极点，射线 Ox 叫做极轴．

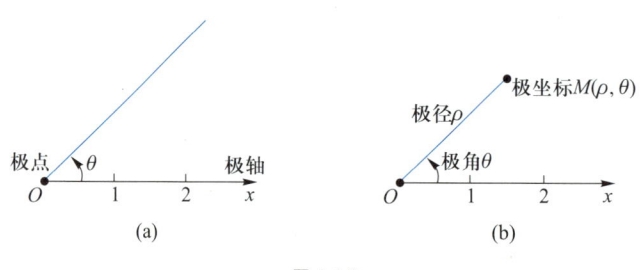

图 4.1.2

2. 极坐标系中点的确定

在建立了极坐标系后，我们如何确定极坐标系中点的位置呢？

定义 2 设 M 是平面内的一点，极点 O 与点 M 的距离 $|OM|$ 称为点 M 的极径，记为 ρ；以极轴 Ox 为始边，射线 OM 为终边的 $\angle xOM$ 称为点 M 的极角，记为 θ. 有序数对 (ρ, θ) 称为点 M 的极坐标，记为 $M(\rho, \theta)$，如图 4.1.2（b）所示．

一般地，如不作特殊说明，我们认为 $\rho \geq 0$，θ 可取任意实数．特别地，极点 O 处的极径 $\rho = 0$，$\theta \in \mathbf{R}$，即极点 O 的极坐标为 $(0, \theta)$.

在引例中，如果以教学楼 A 处所在位置为极点，AB 所在的射线为极轴（单位长度为 1 m），建立如图 4.1.3 所示的极坐标系，且假设 $\theta \in [0, 2\pi)$，从而可确定校园内各点的极坐标，即

点 A 的极坐标 $(0, \theta)$，$\theta \in [0, 2\pi)$，

点 B 的极坐标 $(60, 0)$，

点 C 的极坐标 $\left(120, \dfrac{\pi}{3}\right)$,

点 E 的极坐标 $\left(50, \dfrac{3\pi}{4}\right)$.

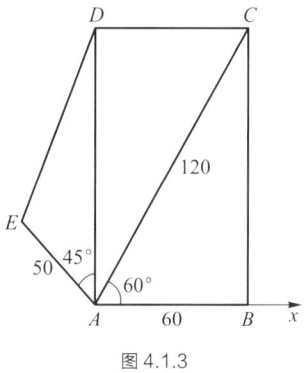

图 4.1.3

问题 2 直角坐标系中的点与一个二维有序数对 (x, y) 之间建立了一一对应的关系,那么极坐标系中的点 M 与二维有序数对 (ρ, θ) 是否一一对应呢?

一方面,在极坐标系中,如果给定极坐标 (ρ, θ),如图 4.1.4 所示,我们可以将极轴绕着极点逆时针方向旋转 θ,得到一条射线,在这条射线上取 $|OM|=\rho$,这样就可以在平面内唯一确定点 M.

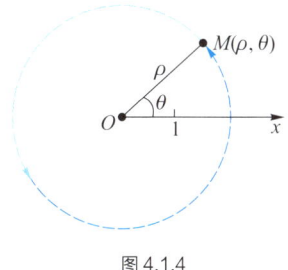

图 4.1.4

另一方面,如果给定平面内任意一点 M,如图 4.1.4 所示,只要测量出射线 OM 与极轴的夹角 θ 以及线段 OM 的长度 ρ,便可得到点 M 的一个极坐标 (ρ, θ),但点 M 的这个表示法不唯一. 这是因为 $(\rho, \theta+2k\pi)$ $(k \in \mathbf{Z})$ 仍为点 M 的极坐标.

事实上,如果不限制 θ 的取值范围,可以再将刚才得到的点 $M(\rho, \theta)$ 绕着极点逆时针方向旋转一周,从几何上看,它又回到了原来点 M 的位置,但此时射线 OM 与极轴的夹角已不再是 θ 了,而是

$\theta+2\pi$，所以点 M 的极坐标还可记为 $M(\rho, \theta+2\pi)$；同样，如果将点 $M(\rho, \theta+2\pi)$ 再绕着极点逆时针方向旋转一周，得到的极角为 $\theta+4\pi$，因此点 M 的极坐标还可记为 $M(\rho, \theta+4\pi)$；以此类推，当点 $M(\rho, \theta)$ 绕着极点逆时针方向旋转 k 周后，仍然回到了原来的位置，但此时的极角为 $\theta+2k\pi$，于是点 M 的极坐标还可记为 $M(\rho, \theta+2k\pi)$，$k\in\mathbf{N}$.

既然极角取逆时针方向为正，那么习惯上负极角 θ 就表示将极轴绕着极点顺时针方向旋转 $|\theta|$ 弧度．例如，极角 $\theta=-\dfrac{\pi}{2}$ 表示将极轴绕着极点顺时针方向旋转了 $\dfrac{\pi}{2}$．如果将点 $M(\rho, \theta)$ 绕着极点顺时针方向旋转一周，那么点 M 的极坐标还可记为 $M(\rho, \theta-2\pi)$；以此类推，当点 $M(\rho, \theta)$ 绕着极点顺时针方向旋转 k 周后，极角变为 $\theta-2k\pi$，因此点 M 的极坐标还可记为 $M(\rho, \theta-2k\pi)$，$k\in\mathbf{N}$.

综上所述，可得如下结论：

同一个点 $(\rho, \theta)(\rho\neq 0)$ 的极坐标可以有无穷多个，它们之间相差 $2k\pi(k\in\mathbf{Z})$，即极坐标 (ρ, θ) 与 $(\rho, \theta+2k\pi)$，$k\in\mathbf{Z}$ 表示平面上同一个点．

此后，若无特别说明，都将限定 $\rho\geqslant 0$，$0\leqslant\theta<2\pi$ 或 $-\pi<\theta\leqslant\pi$，则除极点外，平面上的任意点与极坐标 (ρ, θ) 就建立了一一对应的关系．为方便起见，将极点的极坐标记为 $(0, 0)$．

需要说明的是：在某些情况下，极径 ρ 也允许取负值，当点 $M(\rho, \theta)$ 的极径 ρ 取负值时，表示点 M 在极角 θ 终边的反向延长线上，且到极点 O 的长度为 $|\rho|$．此时，若 $\rho>0$，则可说点 (ρ, θ)、$(\rho, \theta+2k\pi)$ 以及 $(-\rho, \theta+(2k+1)\pi)(k\in\mathbf{Z})$ 均表示平面上同一个点．

4.1.2 极坐标和直角坐标的相互转化

既然平面上的点可用极坐标来表示，那么这里的极坐标和大家熟悉的直角坐标之间有什么关系呢？

如图 4.1.5 所示，把直角坐标系的原点作为极坐标系的极点，将直角坐标系的 x 轴的正半轴作为极坐标系的极轴，并在两种坐标系中取相同的长度单位．设 M 是平面内任意一点，它的直角坐标是 (x, y)，极坐标是 (ρ, θ)，其中 $\rho\geqslant 0$，$0\leqslant\theta<2\pi$ 或 $-\pi<\theta\leqslant\pi$．

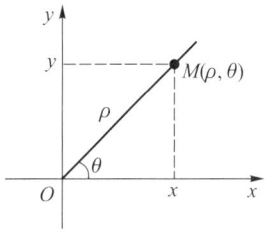

图 4.1.5

利用三角函数的定义,可得两种坐标之间的转换关系:

$$\begin{cases} x = \rho\cos\theta, \\ y = \rho\sin\theta \end{cases} \Leftrightarrow \begin{cases} \rho = \sqrt{x^2 + y^2}, \\ \tan\theta = \dfrac{y}{x}(x \neq 0). \end{cases}$$

通过上述转换关系公式,可以把直角坐标转化成极坐标,也可以把极坐标转化成直角坐标,但需注意转换的三个条件. 下面举例说明.

例1 (1)将点 M 的直角坐标 $\left(-\sqrt{3},\ -1\right)$ 转换成极坐标.

(2)将点 M 的极坐标 $\left(2,\ \dfrac{2\pi}{3}\right)$ 转换成直角坐标.

解 (1)由 $\begin{cases} \rho = \sqrt{x^2 + y^2}, \\ \tan\theta = \dfrac{y}{x}(x \neq 0) \end{cases}$ 可得

$$\rho = \sqrt{(-\sqrt{3})^2 + (-1)^2} = 2,\ \tan\theta = \dfrac{-1}{-\sqrt{3}} = \dfrac{\sqrt{3}}{3}.$$

因为点 $M(-\sqrt{3},\ -1)$ 在第三象限,所以极角 $\theta = \dfrac{7\pi}{6}$. 从而点 M 的极坐标为 $\left(2,\ \dfrac{7\pi}{6}\right)$.

(2)将 $\rho = 2, \theta = \dfrac{2\pi}{3}$ 代入 $\begin{cases} x = \rho\cos\theta, \\ y = \rho\sin\theta \end{cases}$ 可得已知点的直角坐标为 $(-1,\ -\sqrt{3})$.

例2 在极坐标系下,设 $P_1(\rho_1,\ \theta_1),\ P_2(\rho_2,\ \theta_2)$,试证两点间的距离为

$$|P_1P_2| = \sqrt{\rho_1^2 + \rho_2^2 - 2\rho_1\rho_2\cos(\theta_1 - \theta_2)}.$$

证 如图 4.1.6 所示，$|OP_1|=\rho_1$，$|OP_2|=\rho_2$，$\angle P_1OP_2=\theta_2-\theta_1$，则由余弦定理可得

$$|P_1P_2|=\sqrt{\rho_1^2+\rho_2^2-2\rho_1\rho_2\cos(\theta_1-\theta_2)}.$$

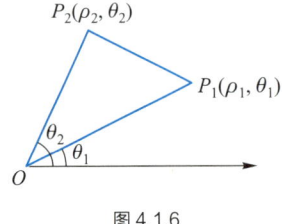

图 4.1.6

讨论题

1. 请叙述直角坐标系与极坐标系分别是如何建立的．并阐述平面中点的直角坐标与极坐标之间的区别与联系．

2. 在极坐标定义下，若 $\theta<0$，对应的点有什么特征？若 $\rho<0$，对应的点有什么特征？

3. 请阐述极坐标与直角坐标互化的三个条件．由 $\tan\theta=\dfrac{y}{x}$ 确定 θ 的前提条件是什么？若不满足此条件，极角 θ 又如何求解呢？

讨论题参考答案

4.2 曲线的极坐标方程

4.2.1 极坐标方程的定义

既然平面上的点可用极坐标来表示，那么平面上的曲线也可以通过极坐标方程来表示．下面给出曲线的极坐标方程的定义．

定义 3 在极坐标系中，如果平面曲线 C 上任意一点的极坐标中至少有一个满足方程 $F(\rho,\theta)=0$，并且极坐标系中适合方程 $F(\rho,\theta)=0$ 的点也都在曲线 C 上，那么称此方程为<u>曲线 C 的极坐标方程</u>．

注 1 和直角坐标系下求平面曲线的方程类似，在求曲线 C 的极

坐标方程时，关键是找出曲线 C 上动点应满足的几何条件，并用极坐标表示，再通过代数变换进行化简．

例 1　考察极坐标方程 $(\rho-a)(\theta-\alpha)=0(a>0, \alpha>0)$ 表示的图形．

解　方程 $(\rho-a)(\theta-\alpha)=0$ 等价于 $\rho=a$ 或 $\theta=\alpha$．而 $\rho=a$ 表示到极点的距离等于定长 a 的点的集合，即以极点为圆心，半径为 a 的圆；$\theta=\alpha$ 表示由极点出发绕着极轴逆时针旋转 α 弧度的一条射线．该极坐标方程表示的图形如图 4.2.1 所示．

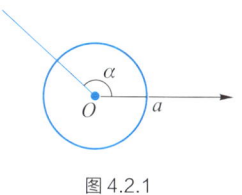

图 4.2.1

参考例 1，我们不难写出 x 轴、y 轴的极坐标方程：

x 轴正半轴，即 $y=0(x\geqslant 0)$ 的极坐标方程为 $\theta=0$；

x 轴负半轴，即 $y=0(x\leqslant 0)$ 的极坐标方程为 $\theta=\pi$；

y 轴正半轴，即 $x=0(y\geqslant 0)$ 的极坐标方程为 $\theta=\dfrac{\pi}{2}$；

y 轴负半轴，即 $x=0(y\leqslant 0)$ 的极坐标方程为 $\theta=-\dfrac{\pi}{2}$．

4.2.2　特殊曲线的极坐标方程

曲线的极坐标通常用形如 $\rho=\rho(\theta)(\alpha\leqslant\theta\leqslant\beta)$ 的显式形式表示．下面给出几类特殊曲线的极坐标方程．

1. 圆的极坐标方程

例 2　求圆心为点 $(0, a)$，半径为 a 的圆的极坐标方程．

解　在直角坐标系中，圆心为点 $(0, a)$，半径为 a 的圆的直角坐标方程是

$$x^2+(y-a)^2=a^2,$$

化简上式，得

$$x^2+y^2=2ay.$$

假设圆周上任一点 M 的极坐标为 (ρ, θ)，下面来求解 ρ, θ 应满

足的关系式.

将极坐标和直角坐标的转换关系公式 $\begin{cases} x = \rho\cos\theta, \\ y = \rho\sin\theta \end{cases}$ 代入圆的直角坐标方程中, 得

$$\rho^2\cos^2\theta + \rho^2\sin^2\theta = 2a\rho\sin\theta.$$

当 $\rho \neq 0$ 时, 化简上式, 得

$$\rho = 2a\sin\theta. \qquad (4.2.1)$$

而当 $\rho = 0$ 时, 对应的极点已含在 (4.2.1) 式中.

问题 1 当例 2 中的圆周曲线表示成极坐标形式 (4.2.1) 时, θ 可以取什么值呢?

如图 4.2.2 所示, 当动点 M 在圆周上从极轴开始绕着极点逆时针方向旋转一周时, 极角 θ 从 0 变到 π, 故 $\theta \in [0, \pi)$. 从而, 在直角坐标系下圆心为点 $(0, a)$, 半径为 a 的圆的极坐标方程为

$$\rho = 2a\sin\theta, \ \theta \in [0, \pi).$$

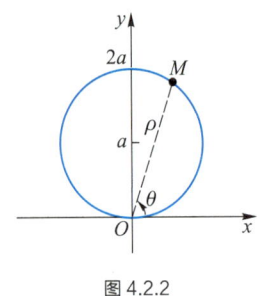

图 4.2.2

问题 2 求圆心在原点, 半径为 a 的圆的极坐标方程.

读者可以仿照例 2 (也可直接用例 1 的结论) 得, 圆心在原点, 半径为 a 的圆的极坐标方程为

$$\rho = a, \ \theta \in [0, 2\pi).$$

显然, $\rho = a$ 比 $x^2 + y^2 = a^2$ 这个形式更简单.

问题 3 求圆心在极轴上, 半径为 a 且过极点的圆的极坐标方程.

读者可以仿照例 2 得, 所求圆的极坐标方程为

$$\rho = 2a\cos\theta, \ \theta \in \left[-\frac{\pi}{2}, \frac{\pi}{2}\right].$$

2. 直线的极坐标方程

例 3 求直角坐标系中以下直线 L 的极坐标方程：

（1）$y = x$； （2）$x + y = 1$.

解 （1）将极坐标和直角坐标的转换关系公式 $\begin{cases} x = \rho\cos\theta, \\ y = \rho\sin\theta \end{cases}$ 代入 $y = x$ 中，得

$$\rho\sin\theta = \rho\cos\theta, \ \rho \geq 0, \ 0 \leq \theta < 2\pi.$$

当 $\rho > 0$ 时，化简上式，得

$$\tan\theta = 1, \ \theta \in [0, \ 2\pi).$$

故直线 $y = x$ 的极坐标方程为

$$\theta = \frac{\pi}{4} \ \text{或} \ \theta = \frac{5\pi}{4}.$$

当 $\rho = 0$ 时，对应的极点已含在上式中，如图 4.2.3 所示．

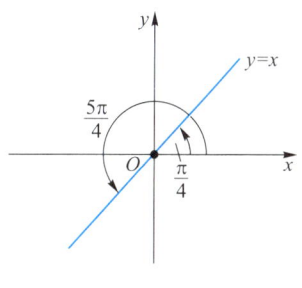

图 4.2.3

显然，用极坐标方程 $\theta = \frac{\pi}{4}$ 或 $\theta = \frac{5\pi}{4}$ 表示直线 $y = x$ 并不方便．

（2）将极坐标和直角坐标的转换关系公式 $\begin{cases} x = \rho\cos\theta, \\ y = \rho\sin\theta \end{cases}$ 代入 $x + y = 1$ 中，得

$$\rho(\cos\theta + \sin\theta) = 1. \tag{4.2.2}$$

因为直线 $x + y = 1$ 不经过原点，所以 $\rho \neq 0$. 整理（4.2.2）式即得

$$\rho = \frac{1}{\cos\theta + \sin\theta}. \tag{4.2.3}$$

问题 4 （4.2.3）式中的 θ 该如何取值呢？

如图 4.2.4 所示，如果要表示 $x + y = 1$ 整条直线，则 $\theta \in \left(-\frac{\pi}{4}, \frac{3\pi}{4}\right)$；

如果只是表示直线 $x+y=1$ 界于 x 轴与 y 轴之间的那部分线段，则 $\theta \in \left[0, \dfrac{\pi}{2}\right]$.

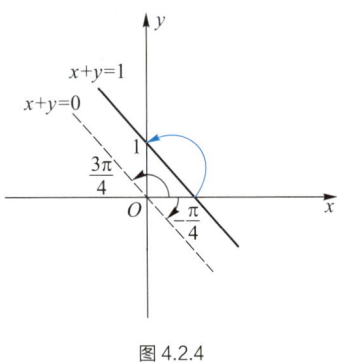

图 4.2.4

注 2　通过例 2、例 3 的学习，我们已基本掌握了如何确定 $\rho=\rho(\theta)$ 中极角 θ 的取值范围的方法，这也是微积分学习中极坐标系下计算定积分或二重积分所应具备的一个基本能力．

下面我们再来看看如何将极坐标方程转换成直角坐标方程．

例 4　极坐标方程 $\rho = \sin\theta + \cos\theta\ (\theta \in [0, 2\pi))$ 表示的是什么曲线？

解　当 $\rho \neq 0$ 时，由极坐标和直角坐标的转换关系公式 $\begin{cases} x = \rho\cos\theta, \\ y = \rho\sin\theta \end{cases}$，得

$$\begin{cases} \cos\theta = \dfrac{x}{\rho}, \\ \sin\theta = \dfrac{y}{\rho}. \end{cases}$$

将上式代入极坐标方程 $\rho = \sin\theta + \cos\theta$，得 $\rho = \dfrac{x}{\rho} + \dfrac{y}{\rho}$，即 $\rho^2 = x+y$，从而

$$x^2 + y^2 = x + y.$$

上式配方，得 $\left(x - \dfrac{1}{2}\right)^2 + \left(y - \dfrac{1}{2}\right)^2 = \dfrac{1}{2}$．

故极坐标方程 $\rho = \sin\theta + \cos\theta$ 表示的是圆心为点 $\left(\dfrac{1}{2}, \dfrac{1}{2}\right)$，半径为 $\dfrac{\sqrt{2}}{2}$ 的圆周曲线．当 $\rho = 0$ 时，对应的极点也是该圆周曲线上的点，如图 4.2.5 所示．

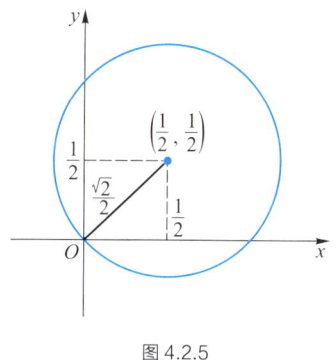

图 4.2.5

4.2.3 常见曲线的极坐标方程

下面给出几类常见曲线及其极坐标方程，并假设各方程中的 $a>0$.

1. 心形线（外摆线的一种）

笛卡儿心形线的直角坐标方程有两种形式．第一种形式是

$$x^2 + y^2 + ax = a\sqrt{x^2 + y^2},$$

其极坐标方程为

$$\rho = a(1 - \cos\theta).$$

相应的几何图形如图 4.2.6 所示．

第二种形式是

$$x^2 + y^2 - ax = a\sqrt{x^2 + y^2},$$

其极坐标方程为

$$\rho = a(1 + \cos\theta).$$

相应的几何图形如图 4.2.7 所示．

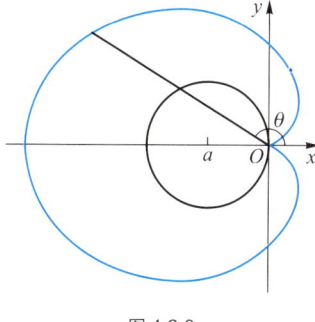 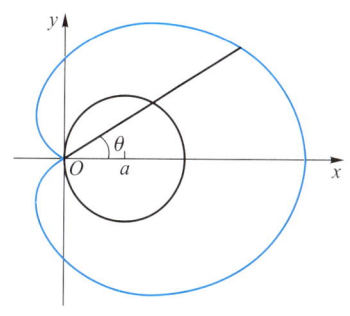

图 4.2.6　　　　　　图 4.2.7

注 3　如果将心形线的上述两种形式的极坐标方程中的 $\cos\theta$ 替换为 $\sin\theta$，便可得到心形线的另外两种形式的极坐标方程

$$\rho = a(1-\sin\theta),\ \rho = a(1+\sin\theta).$$

相应的几何图形只需分别将图 4.2.6 和图 4.2.7 中水平方向的心形线变为垂直方向的心形线即可．有兴趣的读者可以课后自行完成，在此我们就不赘述了．

2. 三次抛物线

三次抛物线的直角坐标方程是 $y = ax^3$，其极坐标方程为

$$\rho^2 = \frac{1}{a}(\tan\theta + \tan^3\theta).$$

相应的几何图形如图 4.2.8 所示，在高等数学的学习中将多次涉及．

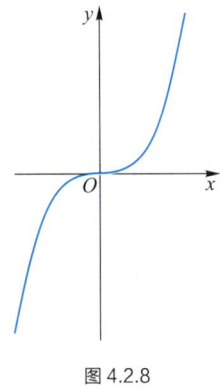

图 4.2.8

3. 伯努利双纽线

伯努利双纽线的直角坐标方程也有两种形式．第一种形式是

$$(x^2+y^2)^2 = a^2(x^2-y^2),$$

其极坐标方程为

$$\rho^2 = a^2\cos 2\theta.$$

相应的几何图形如图 4.2.9 所示．

第二种形式是

$$(x^2+y^2)^2 = 2a^2xy,$$

其极坐标方程为

$$\rho^2 = a^2\sin 2\theta.$$

相应的几何图形如图 4.2.10 所示.

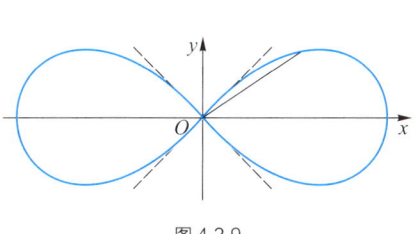

图 4.2.9　　　　　　　　图 4.2.10

4. 阿基米德（Archimedes）螺线

阿基米德螺线的极坐标方程为

$$\rho = a\theta.$$

相应的几何图形如图 4.2.11 所示.

5. 对数螺线

对数螺线的极坐标方程为

$$\rho = e^{a\theta}.$$

相应的几何图形如图 4.2.12 所示.

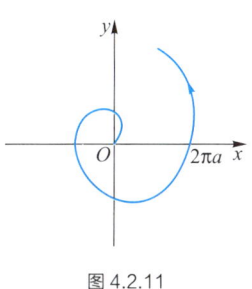
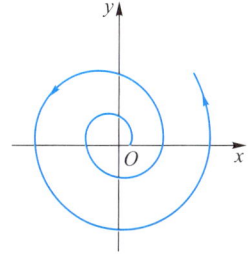

图 4.2.11　　　　　　　　图 4.2.12

6. 三叶玫瑰线

三叶玫瑰线也有两种形式的极坐标方程. 第一种形式的极坐标方程为

$$\rho = a\cos 3\theta.$$

相应的几何图形如图 4.2.13 所示.

第二种形式的极坐标方程为

$$\rho = a\sin 3\theta.$$

相应的几何图形如图 4.2.14 所示.

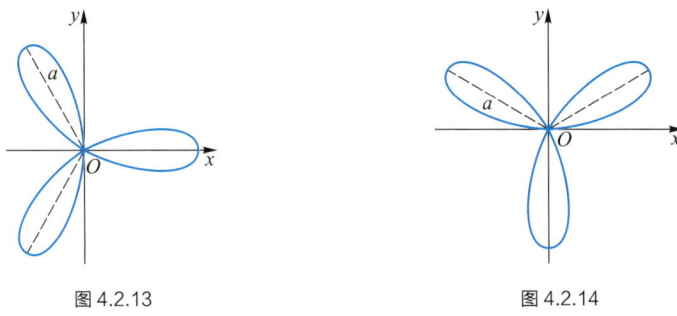

图 4.2.13　　　　　　　　图 4.2.14

7. 四叶玫瑰线

四叶玫瑰线也有两种形式的极坐标方程. 第一种形式的极坐标方程为

$$\rho = a\cos 2\theta.$$

相应的几何图形如图 4.2.15 所示.

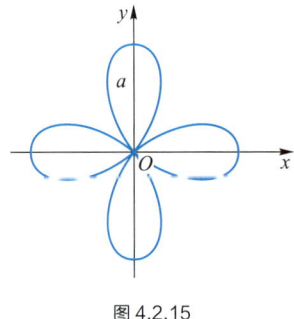

图 4.2.15

第二种形式的极坐标方程为

$$\rho = a\sin 2\theta.$$

相应的几何图形如图 4.2.16 所示.

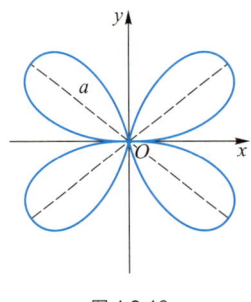

图 4.2.16

讨论题

讨论题参考答案

1. 定义 3 中的 "至少有一个" 条件能去掉吗？

2. 给出直线 $bx+ay=c(a\neq 0)$ 的极坐标方程．

3. 列举几类特殊直线与圆，比较它们的直角坐标方程与极坐标方程．并阐述用方程表示平面曲线时选择适当坐标系的意义．

4.3 曲线的参数方程

4.3.1 参数方程的定义

我们已经知道了如何在直角坐标系或极坐标系内用动点坐标 (x, y) 或 (ρ, θ) 来表示平面内一些曲线的方程．但在实际问题中，有些曲线很难找到它所满足的方程式 $f(x, y)=0$ 或 $g(\rho, \theta)=0$．

例如，与水平面成 α 角以初速度 v_0 发射炮弹，若不计空气的阻力，求炮弹运动的轨迹方程．

建立如图 4.3.1 所示的直角坐标系．设点 $M(x, y)$ 为炮弹在运动中的一个任意位置，想要用 x 和 y 之间的方程式 $f(x, y)=0$ 来表示炮弹运动的轨迹是比较困难的．但因为炮弹运动的轨迹是由炮弹在各个时刻的位置所决定的，所以下面只需分析炮弹在任意位置的坐标 x 和 y 与相应的时刻 t 之间的关系式．

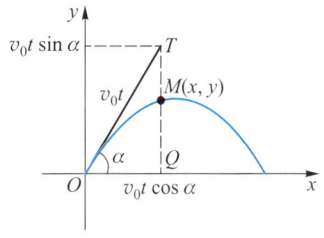

图 4.3.1

如果不考虑地心引力，则经过时刻 t 后，炮弹运动到点 T，即 $OT=v_0 t$．但炮弹一定会受地心引力的影响，经过时刻 t 后，炮弹不是在点 T，而是在点 M，则方程组

$$\begin{cases} x = v_0 t \cos\alpha, \\ y = v_0 t \sin\alpha - \dfrac{1}{2}gt^2, \end{cases} (0 \leqslant t \leqslant t_1) \qquad (4.3.1)$$

就表示炮弹运动的轨迹方程，其中 g 是重力加速度，t_1 是炮弹落地的时刻．这是因为对 $[0, t_1]$ 中的每一个值 t，都唯一确定了炮弹相应的位置 $M(x, y)$，所以方程组（4.3.1）能完整地描绘炮弹运动的轨迹，该轨迹上动点 M 的坐标 x 和 y 都是另一个变量 t 的函数，我们通常称（4.3.1）式为炮弹运动轨迹的参数方程．

定义 4 在平面直角坐标系中，如果曲线 C 上任意一点的坐标 x，y 都是某个变数 t 的函数，即

$$\begin{cases} x = f(t), \\ y = g(t) \end{cases} (t \in I), \qquad (4.3.2)$$

并且对于 t 的每一个允许值，由方程组（4.3.2）所确定的点 $M(f(t), g(t))$ 都在曲线 C 上，那么方程组（4.3.2）就叫做曲线 C 的参数方程，联系 x，y 的变数 t 叫做参变数，简称参数．相对于参数方程而言，直接给出点的直角坐标间关系的二元方程叫做直角坐标方程（或普通方程）．

例 1 试建立示例 1 中摆线（图 4.3.2）的参数方程．

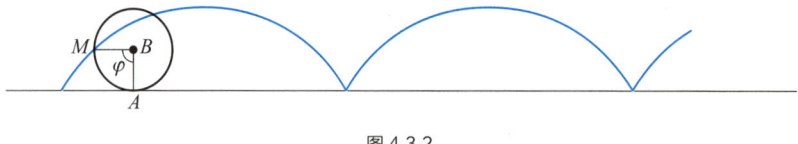

图 4.3.2

分析 如果将自行车上的那个蓝色印记点记作给定半径为 r 的圆 B 上的点 M，并把它的初始位置放在原点，如图 4.3.3 所示．若记 $\angle MBA = \varphi$，则圆 B 滚动 φ 角以后，蓝色印记点就从原点到达点 M 位置了；当圆 B 滚动一周，即 φ 从 0 变到 2π，蓝色印记点就描绘出摆线的第一拱；再向前滚动一周，蓝色印记点就描绘出第二拱；继续滚动，可得第三拱，第四拱……所有这些拱的形状都是完全相同的，每一拱的拱高为 $2a$（即圆的直径），拱宽为 $2\pi a$（即圆的周长）．

解 通过上述分析，我们将摆线看作是圆 B 沿定直线（x 轴）滚动时 M 点运动的轨迹，如图 4.3.3 所示．下面来求此摆线的参数方程．

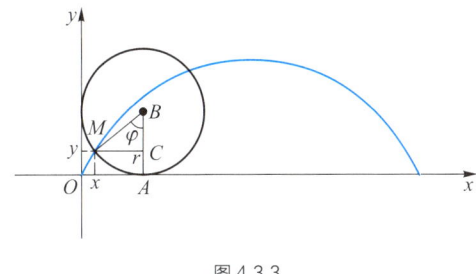

图 4.3.3

将 $\angle MBA = \varphi$ 作为参数，下面用 φ 来表示点 M 的坐标 x 和 y．

如图 4.3.3 所示，$|OA| = |\overset{\frown}{MA}| = r\varphi$，则

$$x = |OA| - |MC| = r\varphi - r\sin\varphi,\ y = |BA| - |BC| = r - r\cos\varphi.$$

从而摆线的参数方程为

$$\begin{cases} x = r(\varphi - \sin\varphi), \\ y = r(1 - \cos\varphi) \end{cases} (\varphi \in [0, +\infty)).$$

注 1 关于摆线的许多问题都值得我们去研究．例如，摆线上任意一点切线的斜率（图 4.3.4），摆线的第一拱的长度（图 4.3.5），摆线与 x 轴所围区域的面积（图 4.3.6）

……

这些问题，都将在高等数学的学习中一一解决．

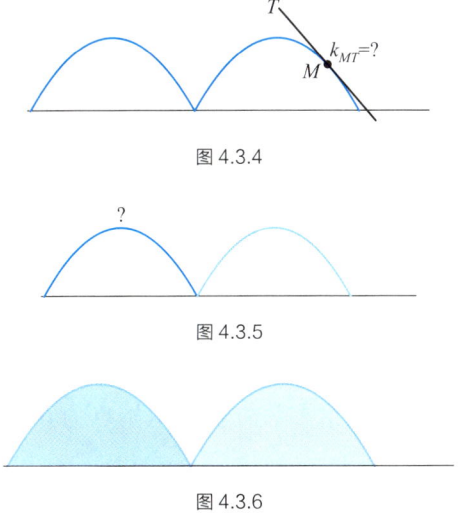

图 4.3.4

图 4.3.5

图 4.3.6

读者需注意，参数是联系变量 x, y 的桥梁：

（1）参数方程中的参数可以有物理意义、几何意义，也可以没有明显意义；

（2）同一曲线选取的参数不同，所得曲线的参数方程形式也会不一样；

（3）在实际问题中要确定参数的取值范围．

4.3.2 参数方程和直角坐标方程的互化

曲线的参数方程和直角坐标方程只是曲线方程的两种不同形式而已，各有优劣．通常参数方程中参数 t 的选取灵活多样，弥补了由含有 x, y 的二元方程来表示平面曲线的不足，但直角坐标方程中变量 x, y 的几何意义明确．

下面我们来讨论平面曲线的直角坐标方程和参数方程的互化．

1. 将曲线的参数方程化为直角坐标方程

将曲线的参数方程化为直角坐标方程，有助于识别曲线的类型．一般地，可以通过消去参数方程中的参数得到直角坐标方程，接下来举例说明．

例 2 把参数方程

$$\begin{cases} x = 2\sqrt{t}, \\ y = 1+\sqrt{t} \end{cases} (t \in [0, +\infty))$$

化为直角坐标方程，并说明它表示什么曲线．

解 由 $x = 2\sqrt{t} \geq 0$，得 $\sqrt{t} = \dfrac{x}{2}$．

将 $\sqrt{t} = \dfrac{x}{2}$ 代入 $y = 1+\sqrt{t}$ 中，可得与参数方程等价的直角坐标方程为

$$y = 1 + \dfrac{x}{2}(x \geq 0).$$

如图 4.3.7 所示，所给参数方程表示始点为 $(0, 1)$，斜率为 $\dfrac{1}{2}$ 的一条射线．

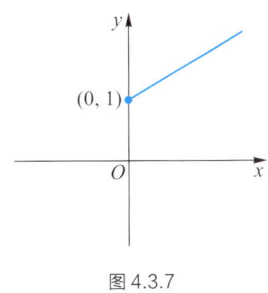

图 4.3.7

2. 将曲线的直角坐标方程化为参数方程

求平面曲线的参数方程的关键是选择参数. 选择参数的常用方法有

（1）将直角坐标 x 或 y 作为参数

例如，对函数曲线 $y=f(x)$，若把 x 看作参数 t，那么 $y=f(t)$，从而曲线的参数方程可表示为

$$\begin{cases} x=t, \\ y=f(t) \end{cases} (t\in D_f).$$

（2）将 x 与 y 的比值作为参数

例如，顶点在原点，焦点在 x 轴正半轴上，且到准线的距离为 p 的抛物线的直角坐标方程是 $y^2=2px$，若令 $x=yt$，那么 $y=2pt$. 当我们把 t 看作参数时，可得抛物线的参数方程

$$\begin{cases} x=2pt^2, \\ y=2pt \end{cases} (t\in \mathbf{R}).$$

（3）利用三角恒等式

例如，因为椭圆的直角坐标方程 $\dfrac{x^2}{a^2}+\dfrac{y^2}{b^2}=1(a>b>0)$ 可以改写为 $\left(\dfrac{x}{a}\right)^2+\left(\dfrac{y}{b}\right)^2=1$，利用 $\sin^2 t+\cos^2 t=1$，得椭圆的参数方程为

$$\begin{cases} x=a\cos t, \\ y=b\sin t \end{cases} (t\in [0, 2\pi)).$$

因为中心在原点，焦点在 x 轴上的双曲线的直角坐标方程 $\dfrac{x^2}{a^2}-\dfrac{y^2}{b^2}=1(a>0, b>0)$ 可以改写为 $\left(\dfrac{x}{a}\right)^2-\left(\dfrac{y}{b}\right)^2=1$，利用 $1+\tan^2 t=\sec^2 t$，得双曲线的参数方程为

$$\begin{cases} x = a\sec t, \\ y = b\tan t \end{cases} \left(t \in [0, 2\pi),\ t \neq \frac{\pi}{2},\ t \neq \frac{3\pi}{2}\right).$$

再例如，星形线的直角坐标方程 $x^{\frac{2}{3}} + y^{\frac{2}{3}} = a^{\frac{2}{3}}$ 可以改写为 $\left(\left(\frac{x}{a}\right)^{\frac{1}{3}}\right)^2 + \left(\left(\frac{y}{a}\right)^{\frac{1}{3}}\right)^2 = 1$，利用 $\sin^2 t + \cos^2 t = 1$，得星形线的参数方程为

$$\begin{cases} x = a\cos^3 t, \\ y = a\sin^3 t \end{cases} (t \in [0, 2\pi)).$$

（4）由几何意义或问题的实际背景来引进相应的参数

例如，经过点 $M_0(x_0, y_0)$，倾斜角为 $\alpha\left(\alpha \neq \frac{\pi}{2}\right)$ 的直线 l 的直角坐标方程为

$$y - y_0 = \tan\alpha(x - x_0),\ \alpha \in [0,\ \pi),\ \alpha \neq \frac{\pi}{2}.$$

如图 4.3.8 所示，若将直线上任意一点 M 与定点 M_0 的距离 $|M_0M|$ 作为参数 t，则直线的参数方程为

$$\begin{cases} x = x_0 + t\cos\alpha, \\ y = y_0 + t\sin\alpha \end{cases} \left(t \in \mathbf{R},\ \alpha \in [0,\ \pi),\ \alpha \neq \frac{\pi}{2}\right).$$

注 2 虽然这里引进的参数 t 表示距离，但为了保证点 (x, y) 是整条直线上的点，那么此时的 t 应该取全体实数.

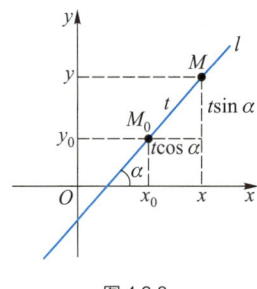

图 4.3.8

以上给出了几类常见曲线的参数方程，包括直线、圆、椭圆、双曲线、抛物线、星形线、摆线等，请读者仔细体会.

需说明的是，不是所有的参数方程都可以化为普通方程，也不是

所有的普通方程都可以化为参数方程. 当然, 在互化的过程中必须使 x, y 的取值范围保持一致, 否则, 互化就是不等价的.

例3 已知曲线 C_1 的参数方程为 $\begin{cases} x = 2\cos\varphi, \\ y = 3\sin\varphi \end{cases}$ (φ 为参数), 以原点为极点, x 轴的正半轴为极轴建立极坐标系, 曲线 C_2 的极坐标方程为 $\rho = 2$, 正方形 $ABCD$ 的顶点都在 C_2 上, 且 A, B, C, D 依逆时针次序排列, 点 A 的极坐标为 $\left(2, \dfrac{\pi}{3}\right)$.

(1) 求 A, B, C, D 的直角坐标;

(2) 设 P 为 C_1 上任意一点, 求 $|PA|^2 + |PB|^2 + |PC|^2 + |PD|^2$ 的取值范围.

解 (1) 依题意, 并利用极坐标与直角坐标的互化公式可得正方形 $ABCD$ 的顶点的直角坐标分别为

$$A\left(2\cos\dfrac{\pi}{3}, 2\sin\dfrac{\pi}{3}\right) = A(1, \sqrt{3}),$$

$$B\left(2\cos\left(\dfrac{\pi}{3}+\dfrac{\pi}{2}\right), 2\sin\left(\dfrac{\pi}{3}+\dfrac{\pi}{2}\right)\right) = B(-\sqrt{3}, 1),$$

$$C\left(2\cos\left(\dfrac{\pi}{3}+\pi\right), 2\sin\left(\dfrac{\pi}{3}+\pi\right)\right) = C(-1, -\sqrt{3}),$$

$$D\left(2\cos\left(\dfrac{\pi}{3}+\dfrac{3\pi}{2}\right), 2\sin\left(\dfrac{\pi}{3}+\dfrac{3\pi}{2}\right)\right) = D(\sqrt{3}, -1).$$

(2) 因 P 为 C_1 上任意一点, 则 P 的直角坐标为 $(2\cos\varphi, 3\sin\varphi)$. 利用两点间距离公式, 整理化简得

$$|PA|^2 + |PB|^2 + |PC|^2 + |PD|^2 = 16\cos^2\varphi + 36\sin^2\varphi + 16 = 32 + 20\sin^2\varphi.$$

因为 $0 \leqslant \sin^2\varphi \leqslant 1$, 所以 $|PA|^2 + |PB|^2 + |PC|^2 + |PD|^2$ 的取值范围是 $[32, 52]$.

通过这一章的学习, 我们对平面曲线的直角坐标方程、极坐标方程和参数方程三种表示形式有了初步的认识, 在实际应用中, 有时这三种形式是可以相互转化的. 同一种曲线到底用哪种形式的方程来表示更合适, 要根据实际问题解决过程中的需要来确定.

讨论题

1. 参数方程中的参数一定要有具体的意义吗？同一曲线的参数方程形式唯一吗？

2. 归纳直线、圆锥曲线、心形线、星形线、摆线等常用曲线的参数方程.

讨论题参考答案

习题 4

1. 选择题.

（1）在极坐标系下，平面上与点 $\left(1, \dfrac{\pi}{4}\right)$ 不同位置的是点（　　）.

　　A. $\left(-1, \dfrac{5\pi}{4}\right)$　　B. $\left(-1, \dfrac{\pi}{4}\right)$　　C. $\left(1, \dfrac{17\pi}{4}\right)$　　D. $\left(1, -\dfrac{7\pi}{4}\right)$

（2）直线 $y = x$ 的极坐标方程为（　　）.

　　A. $\theta = \dfrac{\pi}{4}$　　　　　　　　B. $\theta = \dfrac{5\pi}{4}$

　　C. $\theta = \dfrac{\pi}{4}$ 和 $\theta = \dfrac{5\pi}{4}$　　D. $\theta = \dfrac{\pi}{4}\ (\rho \in \mathbf{R})$

（3）关于方程 $x^3 + xy^2 = ay^2$，下列描述错误的是（　　）.

　　A. 不能化为参数方程

　　B. 可引入参数 $t = \dfrac{x}{y}$ 将其化为参数方程

　　C. 可引入参数 $t = x$ 将其化为参数方程

　　D. 可引入参数 $t = \dfrac{y}{x}$ 将其化为参数方程

（4）在极坐标系中，圆 $\rho = -2\sin\theta$ 的圆心的极坐标是（　　）.

　　A. $\left(1, \dfrac{\pi}{2}\right)$　　B. $\left(1, -\dfrac{\pi}{2}\right)$　　C. $(1, 0)$　　D. $(1, \pi)$

（5）在极坐标系中，点 $\left(2, \dfrac{\pi}{3}\right)$ 到圆 $\rho = 2\cos\theta$ 的圆心的距离为（　　）.

　　A. 2　　B. $\sqrt{4 + \dfrac{\pi^2}{9}}$　　C. $\sqrt{1 + \dfrac{\pi^2}{9}}$　　D. $\sqrt{3}$

（6）极坐标方程 $\rho=\cos\theta$ 和参数方程 $\begin{cases}x=-1-t,\\y=2+3t\end{cases}$（$t$ 为参数）所表示的图形分别为（　　）．

  A. 圆、直线　　B. 直线、圆　　C. 圆、圆　　D. 直线、直线

（7）在极坐标系中，圆 $\rho=2\cos\theta$ 的垂直于极轴的两条切线方程分别为（　　）．

  A. $\theta=0\,(\rho\in\mathbf{R})$ 和 $\rho\cos\theta=2$　　B. $\theta=\dfrac{\pi}{2}\,(\rho\in\mathbf{R})$ 和 $\rho\cos\theta=2$

  C. $\theta=\dfrac{\pi}{2}\,(\rho\in\mathbf{R})$ 和 $\rho\cos\theta=1$　　D. $\theta=0\,(\rho\in\mathbf{R})$ 和 $\rho\cos\theta=1$

（8）与参数方程 $\begin{cases}x=\sqrt{t},\\y=2\sqrt{1-t}\end{cases}$（$t$ 为参数）等价的直角坐标方程为（　　）．

  A. $x^2+\dfrac{y^2}{4}=1\,(x\in\mathbf{R},\,y\in\mathbf{R})$

  B. $x^2+\dfrac{y^2}{4}=1\,(-1\leqslant x\leqslant 1,\,-2\leqslant y\leqslant 2)$

  C. $x^2+\dfrac{y^2}{4}=1\,(0\leqslant x\leqslant 1,\,0\leqslant y\leqslant 2)$

  D. $x^2+\dfrac{y^2}{4}=1\,(x\geqslant 0,\,y\geqslant 0)$

（9）直线 $\begin{cases}x=\sqrt{2}-2t,\\y=\sqrt{3}+4t\end{cases}$（$t$ 为参数）的倾斜角（与 x 轴正半轴的夹角）为（　　）．

  A. $\arctan 2$　　B. $-\arctan 2$　　C. $\pi-\arctan 2$　　D. $\pi+\arctan 2$

（10）设曲线 C 的参数方程为 $\begin{cases}x=3\sin\theta+4\cos\theta,\\y=4\sin\theta-3\cos\theta,\end{cases}$ 则曲线 C 所围成部分的面积为（　　）．

  A. 25π　　B. 9π　　C. 16π　　D. 10π

2. 已知点的极坐标分别为 $\left(3,\dfrac{\pi}{4}\right)$，$\left(2,\dfrac{2\pi}{3}\right)$，$\left(4,\dfrac{\pi}{2}\right)$，$\left(\dfrac{\sqrt{3}}{2},\pi\right)$，求它们的直角坐标．

3. 已知点的直角坐标分别为 $(3,\sqrt{3})$，$\left(0,-\dfrac{\sqrt{5}}{3}\right)$，$\left(\dfrac{7}{2},0\right)$，$(-2,-2\sqrt{3})$，求它们的极坐标．

4. 把下列直角坐标方程转化成极坐标方程．

  （1）$x=4$；　　　　（2）$y+2=0$；　　　　（3）$2x-3y-1=0$；

（4）$x^2 - y^2 = 16$；　　　（5）$y = ax^3$；　　　（6）$bx + ay = 1 (a \neq 0)$.

5. 说明下列极坐标方程表示什么曲线类型.

（1）$\rho = 5$；　　　　　　（2）$\theta = \dfrac{5\pi}{6}(\rho \in \mathbf{R})$；　　（3）$\rho = 2\sin\theta$；

（4）$\rho(2\cos\theta + 5\sin\theta) - 4 = 0$；　　　　（5）$\rho = -10\cos\theta$；

（6）$\rho = 2\cos\theta - 4\sin\theta$；　　　　　　　（7）$\rho\cos\theta = 1$；

（8）$\rho = \cos\left(\dfrac{\pi}{4} - \theta\right)$；

（9）$\sin\theta = \dfrac{\sqrt{2}}{2}$（$\theta \in [0, 2\pi]$，$\rho \in \mathbf{R}$）.

6. 在极坐标系中求解下列各题.

（1）求过点$\left(2, \dfrac{\pi}{3}\right)$，并且和极轴垂直的直线 C_1 的极坐标方程；

（2）求圆心为点$\left(1, \dfrac{\pi}{4}\right)$，半径为 1 的圆 C_2 的极坐标方程；

（3）若直线 C_3 的极坐标方程为 $\theta = \dfrac{\pi}{3}$（$\rho \in \mathbf{R}$），求圆 C_2 与直线 C_3 的两交点与圆心 C_2 所构成的三角形的面积.

7. 把曲线的普通坐标方程化为参数方程.

（1）$y^2 - x - y - 1 = 0$，设 $y = t - 1$，t 为参数；

（2）$x^{\frac{1}{2}} + y^{\frac{1}{2}} = a^{\frac{1}{2}}$，设 $x = a\cos^4\varphi$，φ 为参数；

（3）$x^3 + xy^2 = ay^2$，设 $x = \dfrac{at^2}{t^2 + 1}$，$t$ 为参数.

8. 把下列参数方程化为普通方程，并说明他们各自表示什么曲线.

（1）$\begin{cases} x = \sqrt{t} + 1, \\ y = 1 - 2\sqrt{t} \end{cases}$（$t$ 为参数）；　　（2）$\begin{cases} x = \sin\theta + \cos\theta, \\ y = 1 + \sin 2\theta \end{cases}$（$\theta$ 为参数）.

9. 试建立三种圆锥曲线统一的极坐标方程.

习题 4 部分
参考答案

| 第五章 | 数系的扩充与复数的引入 |

数系的扩充，一方面是解决实际问题的需要，另一方面是解方程的需要．在引入虚数单位 i 后，不仅负数可以开平方，还可以将实数集扩充到复数集．随着科学和技术的进步，复数理论已越来越显示出它的重要性，它不仅对于数学本身的发展有着极其重要的意义，而且很多技术领域都需要复数．例如，傅里叶变换和拉普拉斯变换都是将时域变为频域．因此将实数集扩充为复数集很有必要．

本章主要介绍数系的扩充、复数的基本概念、复数的表示形式和复数的加、减、乘、除、乘方以及开方等运算．

学习目标：
1. 了解数系的建立及发展过程，学会尊重科学．
2. 深刻理解复数及相关的概念．例如，复数的实部和虚部、复数的相等、共轭复数、复数的几何意义、复数的模与辐角等概念．
3. 掌握复数与复平面上的点、平面向量间的联系．
4. 掌握复数的代数形式、三角形式及指数形式，要求能熟练、准确地将一种形式转换成另一种形式．
5. 掌握复数的加、减、乘、除、乘方、开方等运算，了解这些运算的几何意义．
6. 在复数域内，熟练求解一元二次方程的两个共轭根．

5.1 数系的扩充

5.1.1 为什么要进行数系的扩充

1. 解决实际问题的需要

数的概念是从实践中产生和发展起来的. 早在人类社会初期，由于计数的需要产生了自然数；为了解决测量、分配中遇到的将某些量进行等分的问题，人们引进了分数（之后产生了小数）；为了表示各种具有相反意义的量以及满足计数法的需要，人们又引进了负数；为了表示量与量的比值（例如，正方形对角线的长度与边长的比值为 $\sqrt{2}$）就产生了无理数（即无限不循环小数）；为了满足负数开方的需要，人们又将实数扩充到了复数.

2. 解方程的需要

为了使方程 $x+4=1$ 有解，引进了负数；

为了使方程 $2x=3$ 有解，引进了分数；

为了使方程 $x^2=3$ 有解，引进了无理数.

引进无理数后，就能使方程 $x^2=a\,(a>0)$ 永远有解. 但是，这并没有彻底解决问题，因为当 $a<0$ 时，方程 $x^2=a$ 在实数范围内无解.

为了使方程 $x^2=a\,(a<0)$ 有解，就必须把实数概念进一步扩充，引进新的数. 那么引入一个什么样的数，可以使其平方为一个负数呢？为此我们首先来解决以下问题：

问题 $(?)^2=-1$，即 -1 的开方问题.

5.1.2 实数集的进一步扩充

定义 1 如果引入一个新数并记为 i，使得 $i^2=-1$，那么我们称数 i 为 <u>虚数单位</u>.

在引入虚数单位后，因为 $i^2=-1$，所以方程 $x^2=-1$ 的解为

$$x=i \text{ 或 } x=-i.$$

规定：i 可以与实数进行四则运算. 进行四则运算时，实数集中原有的加、减、乘运算律仍然成立.

在上述规定下，将实数 x 与 i 的和记为 $x+$i，特别地，实数 0 与 i 的和为 i；实数 y 与 i 的积记为 yi，特别地，实数 0 与 i 的积为 0，实数 1 与 i 的积为 i．因此，i 与实数 y 相乘，再与实数 x 相加，便有了形如

$$x+y\text{i}\,(x\in\mathbf{R},\,y\in\mathbf{R})$$

的数．

例 解下列方程

（1）$x^2=-2$；　　（2）$(x+1)^2=-2$．

解（1）因为 $-2=-1\times 2=\text{i}^2\times\left(\pm\sqrt{2}\right)^2=\left(\pm\sqrt{2}\,\text{i}\right)^2$，所以原方程的解为

$$x=\sqrt{2}\,\text{i}\ \text{或}\ x=-\sqrt{2}\,\text{i}；$$

（2）由（1）知 $x+1=\pm\sqrt{2}\,\text{i}$，即 $x+1=\sqrt{2}\,\text{i}$ 或 $x+1=-\sqrt{2}\,\text{i}$．故原方程的解为

$$x=-1+\sqrt{2}\,\text{i}\ \text{或}\ x=-1-\sqrt{2}\,\text{i}．$$

实际上，负数开平方根这个问题早在 16 世纪的数学界就引起轰动，许多大数学家都不承认这个虚数．例如，德国数学家莱布尼茨（Leibniz，1646—1716）在 1702 年说："虚数是美妙而奇异的神灵隐蔽所，它几乎是既存在又不存在的两栖物．"实际上"虚数"不是想象出来的，它确实是存在的．复数是由意大利数学家卡尔达诺（Cardano，1501—1576）在 16 世纪首次引入，经过达朗贝尔（d'Alembert，1717—1783）、棣莫弗（De Moive，1667—1754）、欧拉（Euler，1707—1783）、高斯（Gauss，1777—1855）等人的工作，复数的概念才逐渐为数学家们所接受．

一种运算的逆运算，往往会刺激数系的扩充．从自然数集到整数集，从整数集到有理数集，再从有理数集到实数集直至复数集，我们发现，随着各种扩充的不断进行，数集本身的内部结构逐渐完善，使得数集中总可以实施的运算逐渐增多．例如，自然数集扩充到整数集，使加法运算的逆运算——减法运算总可以进行；整数集扩充到有理数集，使乘法运算的逆运算——除法运算总可以进行；

实数集扩充到复数集，使乘方运算的逆运算——开方运算总可以进行，从而加、减、乘、除、乘方、开方这六种代数运算都能顺利进行．这样看来，复数集似乎已经比较完善了，然而，随着生产、科学技术的发展和数学发展的需要，人们对数的创造和研究仍然在继续进行．

讨论题

写出方程 $x^2+x+c=0$ 随实数 c 变化时的解．

讨论题参考答案

5.2 复数的基本概念

在有了虚数单位之后，就可以将实数集扩充到复数集了．下面给出复数的基本概念．

5.2.1 复数的定义

定义 2 称形如 $x+y\mathrm{i}\,(x,y\in\mathbf{R})$ 的数为复数，记为 $z=x+y\mathrm{i}$. 其中 i 称为虚数单位；x 称为复数 z 的实部，记作 $x=\mathrm{Re}\,z$；y 称为复数 z 的虚部，记作 $x=\mathrm{Im}\,z$.

全体复数构成的集合称为复数集，记作 **C**，即

$$\mathbf{C}=\{x+y\mathrm{i}\mid x,y\in\mathbf{R}\}.$$

由定义 2 易知复数由其实部 x 和虚部 y 构成的有序实数对 (x,y) 唯一确定，从而复数集与平面直角坐标中的点集是一一对应的．

对于复数 $z=x+y\mathrm{i}\,(x,y\in\mathbf{R})$，

（1）当 $y=0$ 时，复数 $z=x$ 是实数；

（2）当 $y\neq 0$ 时，复数 $z=x+y\mathrm{i}$ 不是实数，称其为虚数；

（3）当 $y\neq 0$，$x=0$ 时，复数 $z=y\mathrm{i}$ 称为纯虚数．

显然，虚部为零的复数实际就是一个实数，因而复数集是实数集的进一步扩充，即复数集包含了实数集.

实数集与复数集之间具有如下的从属关系：

$$复数\begin{cases}实数(虚部为零, 即 y=0)\\虚数(虚部不为零, 即 y\neq 0)\begin{cases}纯虚数(x=0)\\非纯虚数(x\neq 0)\end{cases}\end{cases}$$

例1 实数 a 为何值时，复数

$$z=(a^2-a-6)+(a^2-7a+12)i$$

为（1）实数；（2）虚数；（3）纯虚数？

解 因为 $\begin{cases}a^2-a-6=(a-3)(a+2)=0,\\a^2-7a+12=(a-3)(a-4)=0,\end{cases}$ 所以

（1）当 $a=3$ 或 $a=4$ 时，z 为实数；

（2）当 $a\neq 3$ 且 $a\neq 4$ 时，z 为虚数；

（3）因为当实部 $a^2-a-6=0$，而虚部 $a^2-7a+12\neq 0$ 时，对应的复数称为纯虚数，所以只有当 $a=-2$ 时，z 才为纯虚数.

5.2.2 复数的相等

问题1 两个实数可以比较大小，那么两个复数之间可以比较大小吗？

我们先来定义两个复数的相等.

定义3 当两个复数的实部与虚部分别相等时，称这<u>两个复数相等</u>，即

$$a+bi=c+di \text{ 当且仅当 } a=c \text{ 且 } b=d\ (a, b, c, d\in \mathbf{R}).$$

特别地，当复数的实部与虚部都为0时，这个复数就是实数0，即

$$z=a+bi=0\ (a, b\in\mathbf{R}) \text{ 当且仅当 } a=0 \text{ 且 } b=0.$$

例2 设 $(x+2y)+(3x-y)i=5+i$，求实数 x 和 y.

解 要两个复数相等，只需这两个复数的实部和虚部分别相等，即

$$\begin{cases} x+2y=5, \\ 3x-y=1. \end{cases}$$

解这个二元一次方程组得

$$\begin{cases} x=1, \\ y=2. \end{cases}$$

注 两个复数虽然可以说相等，但是两个非实数的复数是不规定它们之间的大小的，只能说相等或不相等．例如，3+i 与 5−2i，1 与 i 之间都不规定大小．特别地，不能规定虚数与实数 0 的大小，因而也不能说虚数是正数还是负数了．

若假设复数集中的两个数 i 和 0 可以比较大小，则要么 i>0，要么 i<0.

（1）i>0.

此时在不等式两边同时乘大于 0 的数 i，不等式不变号，则有

$$i^2 > 0 \times i,$$

即 −1>0，矛盾．

（2）i<0.

此时在不等式两边同时乘小于 0 的数 i，不等式变号，则有

$$i^2 > 0 \times i,$$

即 −1>0，矛盾．

综上所述，不管是 i>0，还是 i<0，都会得出矛盾不等式 −1>0，所以数 i 和 0 是不能比较大小的，从而两个非实数的复数也不能比较大小．故在复数集上不存在不等式的问题，实数集上不等式的性质不能推广到复数集内．

5.2.3 复数的几何意义

问题 2 所有的实数能用一根数轴来表示，也就是说，数轴可以看成实数的一个几何模型．那么能否为复数也找到一个几何模型，并建立起复数与这个几何模型中点的一一对应关系呢？

德国数学家高斯在 1806 年公布了虚数的图像表示法．如图 5.2.1 所示，在直角坐标系 xOy 中，可借助横坐标为 x，纵坐标为 y 的点 $Z(x, y)$ 来表示复数 $z = x+y\mathrm{i}$，从而平面上的全部点和复数集 **C** 之间建立了一一对应的关系，所以今后不再区分复数 z 和点 Z．

定义 4 实数与 x 轴上的点一一对应，将 x 轴称为 实轴；纯虚数与 y 轴上非原点的点一一对应，将 y 轴称为 虚轴．并将表示复数时的 xOy 平面称为 复平面（也称为高斯平面）．

高斯不仅把复数 $z = x+y\mathrm{i}$ 看作复平面上的点 $Z(x, y)$，而且还将其看作是一个"起点为原点 O，终点为 $Z(x, y)$"的 平面向量，如图 5.2.2 中带箭头的线段 OZ，记为 $\overrightarrow{OZ}$．x, y 分别是向量 $\overrightarrow{OZ}$ 沿 x 轴和 y 轴的分量．于是，复数 z 与平面上的向量 $\overrightarrow{OZ} = (x, y)$ 之间也建立了一一对应的关系．

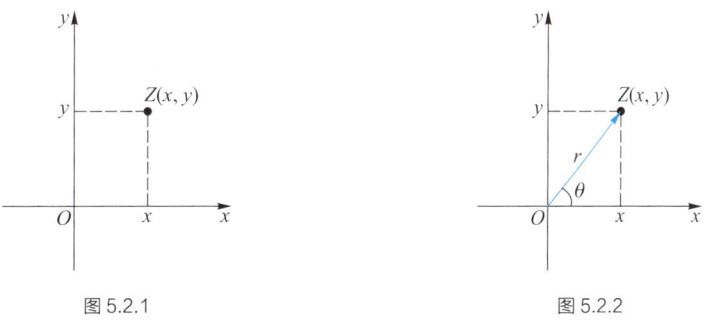

图 5.2.1　　　　　　　　图 5.2.2

下面借助向量的大小和方向来给出复数的模与辐角这两个重要概念．

定义 5 如图 5.2.2 所示，将向量 $\overrightarrow{OZ}$ 的长度 $\left|\overrightarrow{OZ}\right|$ 称为复数 $z = x+y\mathrm{i}$ 的 模（绝对值），记作 $|z|$，即

$$|z| = \sqrt{x^2 + y^2}. \tag{5.2.1}$$

实轴正方向到非零向量 $\overrightarrow{OZ}\,(z \neq 0)$ 的夹角 θ 称为复数 z 的 辐角，记作 $\mathrm{Arg}\,z = \theta$，则在直角三角形 OZx 中，有

$$\tan \mathrm{Arg}\,z = \tan \theta = \frac{y}{x}. \tag{5.2.2}$$

显然，复数 $z = 0$ 时的辐角 $\mathrm{Arg}\,z$ 可以取任意值；任意一个非零复数 $z = x+y\mathrm{i}$ 的辐角 $\mathrm{Arg}\,z$ 都有无穷多个取值，且任意两个辐角之间都相差 2π 的整数倍．通常将在 [0, 2π) 或 (−π, π] 内的辐角的值称为辐

角的主值，记为 $\theta_0 = \arg z$，且有

$$\operatorname{Arg} z = \arg z + 2k\pi, k = 0, \pm 1, \pm 2, \cdots.$$

结论　非零复数 $z = x + yi$、平面上的点 $Z(x, y)$、向量 $\overrightarrow{OZ}$ 以及复数 z 的模与辐角的主值 $(|z|, \arg z)$ 之间具有一一对应的关系，即

$$z = x + yi \neq 0 \xleftrightarrow{\text{一一对应}} Z(x, y) \xleftrightarrow{\text{一一对应}} \overrightarrow{OZ} \xleftrightarrow{\text{一一对应}} (|z|, \arg z).$$

例3　求复数 $z_1 = 1 + \sqrt{3}i$ 和 $z_2 = 1 - \sqrt{3}i$ 对应的向量、模与辐角.

解　复数 $z_1 = 1 + \sqrt{3}i$ 对应向量 $\overrightarrow{OZ_1} = (1, \sqrt{3})$，模 $\left|\overrightarrow{OZ_1}\right| = \sqrt{1^2 + (\sqrt{3})^2} = 2$，辐角

$$\operatorname{Arg} z_1 = \frac{\pi}{3} + 2k\pi, \quad k = 0, \pm 1, \pm 2, \cdots.$$

复数 $z_2 = 1 - \sqrt{3}i$ 对应向量 $\overrightarrow{OZ_2} = (1, -\sqrt{3})$，模 $\left|\overrightarrow{OZ_2}\right| = \sqrt{1^2 + (-\sqrt{3})^2} = 2$，辐角

$$\operatorname{Arg} z_2 = -\frac{\pi}{3} + 2k\pi, \quad k = 0, \pm 1, \pm 2, \cdots.$$

讨论题

1. 实数可以比较大小，复数也可以比较大小吗？进而说明复数是否有正负之分．请阐述你的理由．

2. 复数 z_1 的实部为 1，z_2 的实部为 0，则 $z_1 = z_2$，$|z_1| = |z_2|$ 可能成立吗？

3. 记所有的虚数组成的集合为 **I**，所有纯虚数组成的集合为 **P**，分别写出集合 **C**、**R**、**I**、**P** 的关系，并作出对应的韦恩图．

讨论题参考答案

5.3　复数的表示形式

如图 5.2.2 所示，假设复数 $z = x + yi$ 的模为 $|z| = r$，辐角为 $\theta = \operatorname{Arg} z$，

则由任意角余弦、正弦的定义可知，复数 z 的实部和虚部可以用模和辐角来表示，即

$$\begin{cases} x = r\cos\theta, \\ y = r\sin\theta. \end{cases}$$

从而复数还可表示为

$$z = r(\cos\theta + i\sin\theta). \tag{5.3.1}$$

称（5.3.1）式为复数 z 的<u>三角形式</u>，称 $x+yi$ 为复数 z 的<u>代数形式</u>，称 $(|z|, \arg z)$ 为复数 z 的<u>几何形式</u>，称 $z = re^{i\theta}$ 为复数 z 的<u>指数形式</u>．

复数 z 的指数形式将指数函数 $y = e^x$ 的定义域扩大到了复数域．由三角形式和指数形式，得

$$z = r(\cos\theta + i\sin\theta) = re^{i\theta},$$

整理上式，有

$$e^{i\theta} = \cos\theta + i\sin\theta. \tag{5.3.2}$$

（5.3.2）式就是著名的<u>欧拉公式</u>．

欧拉公式把数的指数函数与三角函数联系起来了，它不仅出现在数学分析里，而且在复变函数论里也占有非常重要的地位，更被誉为"数学中的天桥"．通过高等数学的学习，我们可以将函数 e^x，$\cos x$，$\sin x$ 分别写成相应的泰勒（Taylor，1685—1731）级数形式，并将 $x = i\theta$ 代入其中，即可证得欧拉公式（其严格证明参见5.4节讨论题3）．

特别地，将（5.3.2）式中的 θ 取为 π 就得到 $e^{i\pi} = \cos\pi + i\sin\pi$，即

$$e^{\pi i} + 1 = 0. \tag{5.3.3}$$

（5.3.3）式是数学里最令人着迷的一个公式，它将数学里最重要的五个数字神秘地联系在一起．这五个数字分别是：<u>两个超越数</u>（自然对数的底 e 和圆周率 π，超越数是指不满足任何整系数代数方程的实数）和<u>三个单位</u>（虚数单位 i、自然数的乘法单位 1 和加法单位 0）．

复数的代数形式、三角形式和指数形式是可以相互转换的．为

了将一个非零复数的代数形式 $z=x+y\mathrm{i}$ 化为三角形式和指数形式，需将其实部 x、虚部 y 分别代入（5.2.1）和（5.2.2）式计算 z 的模和辐角．

由于

$$\mathrm{e}^{\mathrm{i}(\theta+2k\pi)} = \mathrm{e}^{\mathrm{i}\theta}\mathrm{e}^{\mathrm{i}\cdot 2k\pi} = (\cos\theta+\mathrm{i}\sin\theta)(\cos 2k\pi+\mathrm{i}\sin 2k\pi) = \cos\theta+\mathrm{i}\sin\theta,$$

$$\cos(\theta+2k\pi)+\mathrm{i}\sin(\theta+2k\pi) = \cos\theta+\mathrm{i}\sin\theta,$$

所以复数 z 的三角形式与指数形式以及欧拉公式中的 θ 可以取 z 的任意一个辐角．但为使复数 z 的表达式既简洁又便于运算，在实际应用中，θ 常取辐角主值 $\arg z$，并通过 $\tan\arg z = \dfrac{y}{x}, -\pi < \arg z \leqslant \pi$ 计算求得，且在确定主值 $\arg z$ 时，必须考虑非原点 $z(x, y)$ 所在的象限：

$$\arg z = \begin{cases} \arctan\dfrac{y}{x}, & x>0, y\in\mathbf{R}, \\ \arctan\dfrac{y}{x}+\pi, & x<0, y\geqslant 0, \\ \arctan\dfrac{y}{x}-\pi, & x<0, y<0, \\ \dfrac{\pi}{2}, & x=0, y>0, \\ -\dfrac{\pi}{2}, & x=0, y<0, \end{cases}$$

其中 $-\dfrac{\pi}{2} < \arctan\dfrac{y}{x} < \dfrac{\pi}{2}$．

例 将 $z=-1+\sqrt{3}\mathrm{i}$ 化为三角形式和指数形式．

解 因为 $x=\mathrm{Re}\,z=-1, y=\mathrm{Im}\,z=\sqrt{3}$，所以模 $|z|=\sqrt{(-1)^2+(\sqrt{3})^2}=2$．设 $\theta_0=\arg z$，则 $\tan\theta_0=\dfrac{\sqrt{3}}{-1}=-\sqrt{3}$．

又因为 $z=-1+\sqrt{3}\,\mathrm{i}$ 位于第二象限，所以 $\theta_0=\dfrac{2\pi}{3}$．从而所求复数的模为 2，辐角主值为 $\dfrac{2\pi}{3}$，则所求的三角形式为

$$z=2\left(\cos\dfrac{2\pi}{3}+\mathrm{i}\sin\dfrac{2\pi}{3}\right),$$

所求的指数形式为

$$z = 2\mathrm{e}^{\mathrm{i}\frac{2\pi}{3}}.$$

此例的三角形式也可以通过以下方式得到:

$$z = -1 + \sqrt{3}\mathrm{i} = \sqrt{(-1)^2 + (\sqrt{3})^2}\left(\frac{-1}{\sqrt{(-1)^2 + (\sqrt{3})^2}} + \frac{\sqrt{3}}{\sqrt{(-1)^2 + (\sqrt{3})^2}}\mathrm{i}\right)$$

$$= 2\left(-\frac{1}{2} + \frac{\sqrt{3}}{2}\mathrm{i}\right) z = 2\left(\cos\frac{2\pi}{3} + \mathrm{i}\sin\frac{2\pi}{3}\right).$$

注 因为

$$0 = 0(\cos\theta + \mathrm{i}\sin\theta) = 0 \cdot \mathrm{e}^{\mathrm{i}\theta},$$

其中的 θ 可以取任意值,所以我们也称上式为复数 0 的三角形式.由此可知,任意复数都是可以写成三角形式和指数形式的.

讨论题参考答案

讨论题

复数的代数形式、三角形式和指数形式三种表示方法之间有什么关系?

5.4 复数的运算

问题 实数之间可以进行四则运算,复数之间也可以进行四则运算吗?

答案是肯定的,那么复数应该怎样进行加、减、乘、除、乘方及开方运算呢?

5.4.1 复数的四则运算

定义 6 设 $z_1 = x_1 + y_1\mathrm{i}$, $z_2 = x_2 + y_2\mathrm{i}$,定义复数

$$z_1 \pm z_2 = (x_1 \pm x_2) + (y_1 \pm y_2)\mathrm{i}$$

为 z_1 与 z_2 的 和(差),即复数的加减法是按实部与实部相加(减),

虚部与虚部相加（减）的法则进行．

复数加法的几何意义：如图 5.4.1 所示，如果非零复数 z_1, z_2 所对应的向量分别为 $\overrightarrow{Oz_1}$, $\overrightarrow{Oz_2}$，则当 $\overrightarrow{Oz_1}$ 与 $\overrightarrow{Oz_2}$ 不在一条直线上时，以 $\overrightarrow{Oz_1}$ 与 $\overrightarrow{Oz_2}$ 为两邻边作平行四边形，复数 z_1+z_2 所对应的向量就是从原点出发的对角线向量 $\overrightarrow{O(z_1+z_2)}$. 当 z_1 与 z_2 的方向相同或相反时，它们共线．当 z_1 与 z_2 同向时，$|z_1+z_2|=|z_1|+|z_2|$；当 z_1 与 z_2 反向时，$|z_1+z_2|=||z_1|-|z_2||$.

复数减法的几何意义：如图 5.4.2 所示，由于 $-z_1$ 表示与 z_1 模相等、方向相反的向量，而且 $z_2-z_1=z_2+(-z_1)$. 如图 5.4.2 所示，可仿照 z_1+z_2 的情形作出复数 z_2-z_1 所对应的向量，即从原点出发的对角线向量 $\overrightarrow{O(z_2-z_1)}$.

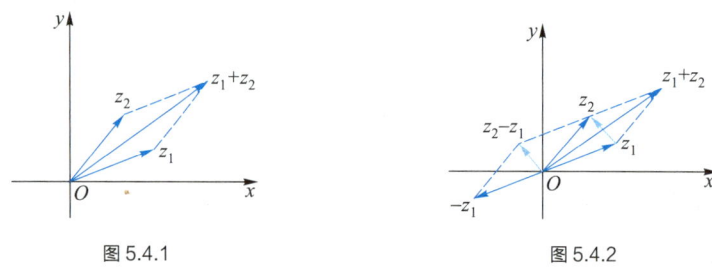

图 5.4.1　　　　　　　　图 5.4.2

下面给出关于两个复数的和与差的模的几个不等式．如图 5.4.3 所示，从点 z_1 出发到点 z_1+z_2 的向量是 z_2，从而向量 z_1、z_2 及 z_1+z_2 构成一个三角形的三条边．因为三角形的两边之和大于第三边，两边之差小于第三边，所以有

$$||z_2|-|z_1||\leqslant|z_1+z_2|\leqslant|z_1|+|z_2|.$$

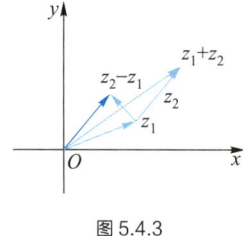

图 5.4.3

用 $-z_1$ 代替上述不等式中的 z_1，又可得

$$||z_2|-|z_1||\leqslant|z_2-z_1|\leqslant|z_1|+|z_2|,$$

其中 $|z_2-z_1|$ 表示 z_1 与 z_2 两点之间的距离．

上述两个不等式即为 3.4 节给出的绝对值不等式，希望读者一定要灵活应用这两个不等式．

定义复数

$$z_1z_2 = (x_1x_2 - y_1y_2) + (x_1y_2 + x_2y_1)\mathrm{i}$$

为 z_1 与 z_2 的<u>乘积</u>，即两个复数相乘，可按实多项式相乘的法则进行，即

$$(x_1+y_1\mathrm{i})(x_2+y_2\mathrm{i}) = x_1x_2 + x_1y_2\mathrm{i} + y_1x_2\mathrm{i} + y_1y_2\mathrm{i}^2$$
$$= (x_1x_2 + y_1y_2\mathrm{i}^2) + (x_1y_2 + x_2y_1)\mathrm{i},$$

其中 $\mathrm{i}^2 = -1$．

同实数的运算法则一样，复数加法、乘法都满足交换律与结合律，乘法对加法满足分配律．即对任意的复数 $z_1, z_2, z_3 \in \mathbf{C}$，有

（1）$z_1 + z_2 = z_2 + z_1$（加法交换律）；

（2）$(z_1 + z_2) + z_3 = z_1 + (z_2 + z_3)$（加法结合律）；

（3）$z_1 \cdot z_2 = z_2 \cdot z_1$（乘法交换律）；

（4）$(z_1 \cdot z_2) \cdot z_3 = z_1 \cdot (z_2 \cdot z_3)$（乘法结合律）；

（5）$z_1 \cdot (z_2 + z_3) = z_1 \cdot z_2 + z_1 \cdot z_3$（乘法对加法的分配律）．

上述运算律的证明留给读者课后完成．

不仅如此，在实数域内所学过的等式性质对复数也成立，例如，当 $z_1 = z_2$ 时，必有 $z_1z_3 = z_2z_3$；所学过的和差的完全平方公式、平方差与立方差公式等对复数也成立，例如，$z_1^2 - z_2^2 = (z_1+z_2)(z_1-z_2)$，由此可得：$(x+y\mathrm{i})(x-y\mathrm{i}) = x^2 + y^2$ 为一实数．

例1 设 $z_1 = 1+\sqrt{3}\mathrm{i}, z_2 = 1-\sqrt{3}\mathrm{i}, z_3 = 1-2\mathrm{i}, z_4 = \mathrm{i}, z_5 = 3$，计算下列各式的值．

$$z_1+z_2,\ z_1-z_2,\ z_1z_4,\ z_5z_3,\ z_1z_2.$$

解 $z_1 + z_2 = (1+\sqrt{3}\mathrm{i}) + (1-\sqrt{3}\mathrm{i}) = (1+1) + (\sqrt{3}-\sqrt{3})\mathrm{i} = 2$，

$z_1 - z_2 = (1+\sqrt{3}\mathrm{i}) - (1-\sqrt{3}\mathrm{i}) = (1-1) + [\sqrt{3}-(-\sqrt{3})]\mathrm{i} = 2\sqrt{3}\mathrm{i}$，

$z_1z_4 = (1+\sqrt{3}\mathrm{i})\mathrm{i} = \mathrm{i} + \sqrt{3}\mathrm{i}^2 = -\sqrt{3}+\mathrm{i}$，$z_5z_3 = 3(1-2\mathrm{i}) = 3-6\mathrm{i}$，

$$z_1 z_2 = (1+\sqrt{3}\mathrm{i})(1-\sqrt{3}\mathrm{i}) = 1^2 - (\sqrt{3})^2 \mathrm{i}^2 = 1^2 + (\sqrt{3})^2 = 4.$$

定义复数

$$\frac{z_1}{z_2} = \frac{x_1 + y_1\mathrm{i}}{x_2 + y_2\mathrm{i}} = \frac{x_1 x_2 + y_1 y_2}{x_2^2 + y_2^2} + \frac{x_2 y_1 - x_1 y_2}{x_2^2 + y_2^2}\mathrm{i}$$

为 z_1 与 z_2 的商，其中 $z_2 \ne 0$.

事实上，$\dfrac{z_1}{z_2} = \dfrac{x_1 + y_1\mathrm{i}}{x_2 + y_2\mathrm{i}} = \dfrac{(x_1 + y_1\mathrm{i})(x_2 - y_2\mathrm{i})}{(x_2 + y_2\mathrm{i})(x_2 - y_2\mathrm{i})}$，再由复数的乘法法则分别计算分子、分母即可得商的结果.

需说明的是：商 $\dfrac{z_1}{z_2}$ 的分子分母同乘 $x_2 - \mathrm{i}y_2$ 的目的是让其分母实数化. 例如，对例 1 中的 z_1 与 z_2，有

$$\begin{aligned}\frac{z_1}{z_2} &= \frac{1+\sqrt{3}\mathrm{i}}{1-\sqrt{3}\mathrm{i}} = \frac{(1+\sqrt{3}\mathrm{i})(1+\sqrt{3}\mathrm{i})}{(1-\sqrt{3}\mathrm{i})(1+\sqrt{3}\mathrm{i})} = \frac{1^2 + 2\times 1\times \sqrt{3}\mathrm{i} - (\sqrt{3})^2}{1^2 + (\sqrt{3})^2} \\ &= \frac{-2 + 2\sqrt{3}\mathrm{i}}{4} = -\frac{1}{2} + \frac{\sqrt{3}}{2}\mathrm{i}.\end{aligned}$$

注 1 复数的代数形式的乘、除法则显得有些烦琐，而引入复数三角形式或指数形式的一个重要原因在于用三角形式或指数形式进行复数的乘除、乘方与开方相对于代数形式较为简单. 下面介绍复数的三角形式和指数形式的乘除法则.

若 $z_1 = r_1 \mathrm{e}^{\mathrm{i}\theta_1}$，$z_2 = r_2 \mathrm{e}^{\mathrm{i}\theta_2}$，则

$$\begin{aligned}z_1 z_2 &= r_1 \mathrm{e}^{\mathrm{i}\theta_1} \cdot r_2 \mathrm{e}^{\mathrm{i}\theta_2} = r_1 r_2 \mathrm{e}^{\mathrm{i}(\theta_1 + \theta_2)} \\ &= r_1 r_2 [\cos(\theta_1 + \theta_2) + \mathrm{i}\sin(\theta_1 + \theta_2)].\end{aligned}$$

当 $z_2 \ne 0$ 时，$\dfrac{z_1}{z_2} = \dfrac{r_1 \mathrm{e}^{\mathrm{i}\theta_1}}{r_2 \mathrm{e}^{\mathrm{i}\theta_2}} = \dfrac{r_1}{r_2} \mathrm{e}^{\mathrm{i}(\theta_1 - \theta_2)}$

$$= \frac{r_1}{r_2}[\cos(\theta_1 - \theta_2) + \mathrm{i}\sin(\theta_1 - \theta_2)].$$

两个复数相乘（除），等于它们的模相乘（除），而辐角主值相加（减），即有如下结论.

结论 $|z_1 z_2| = |z_1||z_2|$，$\arg z_1 z_2 = \arg z_1 + \arg z_2$；

$$\left|\frac{z_1}{z_2}\right| = \frac{|z_1|}{|z_2|}, \arg \frac{z_1}{z_2} = \arg z_1 - \arg z_2.$$

由此可得两个复数相乘的几何意义：如果非零复数 z_1，z_2 所对应

的向量分别为 $\overrightarrow{Oz_1}$，$\overrightarrow{Oz_2}$，则将 $\overrightarrow{Oz_1}$ 绕原点逆时针旋转 θ_2，再将 $\overrightarrow{Oz_1}$ 的模变为原来的 r_2 倍，得到的向量 $\overrightarrow{O(z_1z_2)}$ 对应的复数就是 z_1z_2，如图 5.4.4 所示. 两个复数相除的几何意义：如果非零复数 z_1，z_2 所对应的向量分别为 $\overrightarrow{Oz_1}$，$\overrightarrow{Oz_2}$，则将 $\overrightarrow{Oz_1}$ 绕原点顺时针旋转 θ_2，再将 $\overrightarrow{Oz_1}$ 的模变为原来的 $\dfrac{1}{r_2}$ 倍，得到的向量对应的复数就是 $\dfrac{z_1}{z_2}$.

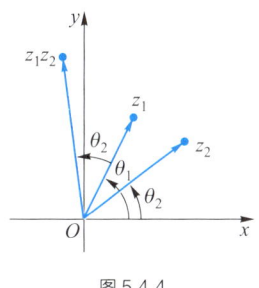

图 5.4.4

例如，对 5.2 节例 3 中的 z_1 与 z_2，向量 z_1z_2 就是将向量 z_1 绕着原点逆时针旋转 $-\dfrac{\pi}{3}$，再将 z_1 的模变为原来的 2 倍得到的，它的起点在原点，终点在 x 轴上，模为 4，即向量 $z_1z_2 = 4$. 这和本节例 1 的计算结果是一致的.

5.4.2 共轭复数

任意一个实数 a 都有它的相反数 $-a$，而任意一个复数 $z = x+y\mathrm{i}$ 都有它的共轭复数. 那什么叫共轭复数呢？

定义 7 设复数 $z = x+y\mathrm{i}$，我们称复数 $x-y\mathrm{i}$ 为 z 的共轭复数，并将 z 的共轭复数记为

$$\bar{z} = x - y\mathrm{i},$$

即实部相同，虚部互为相反数的两个复数互为共轭复数.

例如，例 1 中的 z_1 与 z_2 就互为共轭复数.

如图 5.4.5 所示，两个共轭复数所对应的点关于 x 轴对称，而这一点正是"共轭"一词的来源，就像两头牛平行地拉一部犁，它们的肩膀上要共架一个横梁，这根梁就叫做"轭".

显然，任何一个实数的共轭复数就是它本身，且两个共轭复数的辐角的主值是互为相反数的，即

$$\arg \overline{z} = -\arg z.$$

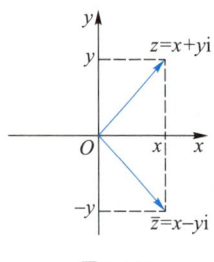

图 5.4.5

共轭复数还具有以下性质:

性质 1 $\overline{\overline{z}} = z$, $|z| = |\overline{z}|$.

性质 2 $z + \overline{z} = 2\operatorname{Re} z$, $z - \overline{z} = 2\mathrm{i}\operatorname{Im} z$.

性质 3 $z\overline{z} = |z|^2$.

性质 4 $\overline{z_1 \pm z_2} = \overline{z_1} \pm \overline{z_2}$.

事实上,若设 $z_1 = x_1 + y_1\mathrm{i}$, $z_2 = x_2 + y_2\mathrm{i}$,则 $z_1 \pm z_2 = (x_1 \pm x_2) + (y_1 \pm y_2)\mathrm{i}$,且 $\overline{z_1} \pm \overline{z_2} = (x_1 \pm x_2) - (y_1 \pm y_2)\mathrm{i}$,故 $\overline{z_1 \pm z_2} = \overline{z_1} \pm \overline{z_2}$.

性质 5 $\overline{z_1 z_2} = \overline{z_1}\ \overline{z_2}$, $\overline{\left(\dfrac{z_1}{z_2}\right)} = \dfrac{\overline{z_1}}{\overline{z_2}}$ $(z_2 \neq 0)$.

性质 5 是关于两个共轭复数的乘积和商的性质,为简便起见,下面利用复数的指数形式来证明.

假设 $z_1 = r_1 \mathrm{e}^{\mathrm{i}\theta_1}$, $z_2 = r_2 \mathrm{e}^{\mathrm{i}\theta_2}$,则 $\overline{z_1} = r_1 \mathrm{e}^{-\mathrm{i}\theta_1}$, $\overline{z_2} = r_2 \mathrm{e}^{-\mathrm{i}\theta_2}$,从而

$$z_1 z_2 = r_1 r_2 \mathrm{e}^{\mathrm{i}(\theta_1+\theta_2)}, \quad \overline{z_1}\ \overline{z_2} = r_1 \mathrm{e}^{-\mathrm{i}\theta_1} \cdot r_2 \mathrm{e}^{-\mathrm{i}\theta_2} = r_1 r_2 \mathrm{e}^{-\mathrm{i}(\theta_1+\theta_2)},$$

故 $\overline{z_1 z_2} = \overline{z_1}\ \overline{z_2}$.

当 $z_2 \neq 0$ 时,$r_2 \neq 0$,且 $\dfrac{z_1}{z_2} = \dfrac{r_1}{r_2}\mathrm{e}^{\mathrm{i}(\theta_1-\theta_2)}$,$\dfrac{\overline{z_1}}{\overline{z_2}} = \dfrac{r_1 \mathrm{e}^{-\mathrm{i}\theta_1}}{r_2 \mathrm{e}^{-\mathrm{i}\theta_2}} = \dfrac{r_1}{r_2}\mathrm{e}^{-\mathrm{i}(\theta_1-\theta_2)}$,故 $\overline{\left(\dfrac{z_1}{z_2}\right)} = \dfrac{\overline{z_1}}{\overline{z_2}}$ $(z_2 \neq 0)$.

性质 1—3 的证明留给读者课后完成. 性质 4 和性质 5 说明了两个复数的和 (差、积、商) 的共轭复数等于相应的共轭复数的和 (差、积、商).

在复数域内求解代数方程的根是求解微分方程时要涉及的一个重要知识点. 例如,当判别式 $\Delta = b^2 - 4ac < 0$ 时,在复数域内可求得实系数

一元二次方程 $ax^2+bx+c=0$ ($a\neq 0$) 的两个根 $x_{1,2}=\dfrac{-b\pm\sqrt{b^2-4ac}}{2a}$ 为共轭复数（称为<u>共轭根</u>）. 例如，方程 $x^2=-2$（判别式为 -8）有共轭根 $x_{1,2}=\pm\sqrt{2}\,\mathrm{i}$，方程 $(x+1)^2=-2$（判别式为 -8）有共轭根 $x_{1,2}=-1\pm\sqrt{2}\,\mathrm{i}$.

例 2 在复数域内求解方程 $x^5+2x^4+2x^3+4x^2+x+2=0$.

解 因为 $x^5+2x^4+2x^3+4x^2+x+2 = x^4(x+2)+2x^2(x+2)+(x+2)$
$$= (x+2)(x^4+2x^2+1)$$
$$= (x+2)(x^2+1)^2,$$

所以原方程的解可由 $x+2=0$, $(x^2+1)^2=0$ 解得

$$x_1=-2,\ x_{2,3}=\mathrm{i},\ x_{4,5}=-\mathrm{i}.$$

5.4.3 复数的乘幂

定义 8 称 n ($n\in\mathbf{N}$) 个相同的复数 z 的乘积为复数 z 的 <u>n 次方（或 n 次幂）</u>，记作 z^n.

与实数类似，当 z 为非零复数，且 n 为正整数时，$z^{-n}=\dfrac{1}{z^n}$. 规定 $z^0=1$.

因为复数的乘法满足交换律和结合律，所以实数集 $\mathbf{R}$ 中正整数指数幂的运算律在复数集 $\mathbf{C}$ 中仍成立，即对任何 z, z_1, $z_2\in\mathbf{C}$, n, $m\in\mathbf{N}$, 有

$$z^m\cdot z^n=z^{m+n},\ (z^m)^n=z^{mn},\ (z_1\cdot z_2)^n=z_1^n z_2^n.$$

例如，$\mathrm{i}^3=\mathrm{i}^2\times\mathrm{i}=-\mathrm{i}$, $\mathrm{i}^4=\mathrm{i}^2\times\mathrm{i}^2=1$, $(-\mathrm{i})^3=(-\mathrm{i})^2\times(-\mathrm{i})$
$$=(-1)\times(-\mathrm{i})=\mathrm{i}.$$

由 $|z_1 z_2|=|z_1||z_2|$, $\mathrm{Arg}\,(z_1 z_2)=\mathrm{Arg}\,z_1+\mathrm{Arg}\,z_2$ 得

$$|z^n|=|z|^n,\ \mathrm{Arg}\,z^n=n\mathrm{Arg}\,z.$$

即复数 z 的 n ($n\in\mathbf{N}$) 次幂的模等于复数模 $|z|$ 的 n 次幂，它的辐角等于辐角 $\mathrm{Arg}\,z$ 的 n 倍.

若 $z=r(\cos\theta+\mathrm{i}\sin\theta)$, 则有

$$z^n=r^n(\cos n\theta+\mathrm{i}\sin n\theta). \qquad (5.4.1)$$

特别地，在（5.4.1）式中取 $r=1$，则有棣莫弗公式

$$(\cos\theta+i\sin\theta)^n = \cos n\theta+i\sin n\theta.$$

例 3 求解下列复数的值.

（1）$(1-i)^4$；　　　　（2）$\dfrac{(1+i)^3(\sqrt{3}-i)}{1+\sqrt{3}i}$.

解 （1）令 $z=1-i$，则由 $\tan\arg z = \dfrac{y}{x} = -1$ 得 $\arg z = -\dfrac{\pi}{4}$.

又因为 $|z|=\sqrt{1^2+(-1)^2}=\sqrt{2}$，所以 $1-i = \sqrt{2}\left[\cos\left(-\dfrac{\pi}{4}\right)+i\sin\left(-\dfrac{\pi}{4}\right)\right]$. 故

$$(1-i)^4 = 4\left[\cos(-\pi)+i\sin(-\pi)\right] = -4.$$

（2）因为 $1+i = \sqrt{2}\left(\cos\dfrac{\pi}{4}+i\sin\dfrac{\pi}{4}\right)$，$\sqrt{3}-i = 2\left[\cos\left(-\dfrac{\pi}{6}\right)+i\sin\left(-\dfrac{\pi}{6}\right)\right]$，$1+\sqrt{3}i = 2\left(\cos\dfrac{\pi}{3}+i\sin\dfrac{\pi}{3}\right)$，所以

$$\dfrac{(1+i)^3(\sqrt{3}-i)}{1+\sqrt{3}i} = \dfrac{(\sqrt{2})^3 \times 2}{2}\left[\cos\left(\dfrac{\pi}{4}\times 3 - \dfrac{\pi}{6} - \dfrac{\pi}{3}\right)+i\sin\left(\dfrac{\pi}{4}\times 3 - \dfrac{\pi}{6} - \dfrac{\pi}{3}\right)\right]$$

$$= 2\sqrt{2}\left(\cos\dfrac{\pi}{4}+i\sin\dfrac{\pi}{4}\right) = 2+2i.$$

此例说明，利用复数的三角形式进行乘除运算，有时可简化计算过程.

5.4.4 复数的开方运算

根据高等代数中的代数基本定理及其推论可知：任何一个复数 $z=r(\cos\theta+i\sin\theta)$ 在复数域内都有 n 个不同的 n 次方根. 设 z 的一个 n 次方根为 $\omega = \rho(\cos\varphi+i\sin\varphi)$，则利用（5.4.1）式，有

$$\omega^n = \rho^n(\cos n\varphi+i\sin n\varphi),$$

从而 $r=\rho^n$，$n\varphi = \theta+2k\pi$，$k=0,\pm 1,\pm 2,\cdots$. 即

$$\rho = \sqrt[n]{r},\ \varphi = \dfrac{\theta+2k\pi}{n} = \dfrac{\theta}{n}+\dfrac{2k\pi}{n}(k=0,\pm 1,\pm 2,\cdots). \qquad (5.4.2)$$

观察（5.4.2）式，当 k 从 0 取到 $n-1$ 时，所得角的终边互不相同，即

$$\varphi = \frac{\theta}{n}, \frac{\theta+2\pi}{n}, \frac{\theta+4\pi}{n}, \cdots, \frac{\theta+2(n-1)\pi}{n}.$$

但当 k 从 n 开始取值后，前面的终边又开始周期性出现了，即

$$\varphi = \frac{\theta}{n}+2\pi, \frac{\theta+2\pi}{n}+2\pi, \frac{\theta+4\pi}{n}+2\pi, \cdots, \frac{\theta+2(n-1)\pi}{n}+2\pi, \cdots.$$

则 z 的 n 个 n 次方根为

$$\omega_k = \sqrt[n]{r}\left(\cos\frac{\theta+2k\pi}{n} + i\sin\frac{\theta+2k\pi}{n}\right), k = 0, 1, 2, \cdots, n-1.$$

结论 复数 $z = r(\cos\theta + i\sin\theta)$ 的 n 个 n 次方根均匀地分布在以原点为圆心，以它的模的 n 次算术根为半径的圆周上，相邻两个根之间的辐角相差 $\frac{2\pi}{n}$.

例 4 求解下列各题.

（1）$\sqrt[4]{-4}$；

（2）复数 $1-i$ 的 5 次方根.

解 （1）因为求 $\sqrt[4]{-4}$ 即为求解 -4 的 4 次方根，则可设 -4 的一个 4 次方根为 $\omega = \rho(\cos\varphi + i\sin\varphi)$，从而有

$$\omega^4 = \rho^4(\cos 4\varphi + i\sin 4\varphi).$$

而 $-4 = 4[\cos(-\pi) + i\sin(-\pi)]$，于是 $4 = \rho^4$，$4\varphi = -\pi + 2k\pi$，$k = 0, 1, 2, 3$，即

$$\rho = \sqrt[4]{4} = \sqrt{2}, \quad \varphi = \frac{-\pi+2k\pi}{4} = \frac{-\pi}{4} + \frac{k\pi}{2}, \quad k = 0, 1, 2, 3.$$

则 -4 的 4 个 4 次方根为 $\omega_k = \sqrt{2}\left[\cos\left(\frac{-\pi}{4}+\frac{k\pi}{2}\right) + i\sin\left(\frac{-\pi}{4}+\frac{k\pi}{2}\right)\right]$, $k = 0, 1, 2, 3$，即

$$\omega_0 = \sqrt{2}\left[\cos\left(-\frac{\pi}{4}\right) + i\sin\left(-\frac{\pi}{4}\right)\right] = 1-i,$$

$$\omega_1 = \sqrt{2}\left(\cos\frac{\pi}{4} + i\sin\frac{\pi}{4}\right) = 1+i,$$

$$\omega_3 = \sqrt{2}\left(\cos\frac{3\pi}{4} + i\sin\frac{3\pi}{4}\right) = -1+i,$$

$$\omega_4 = \sqrt{2}\left(\cos\frac{5\pi}{4} + i\sin\frac{5\pi}{4}\right) = -1-i.$$

（2）因为 $1-i = \sqrt{2}\left(\dfrac{\sqrt{2}}{2} - \dfrac{\sqrt{2}}{2}i\right) = \sqrt{2}\left[\cos\left(-\dfrac{\pi}{4}\right) + i\sin\left(-\dfrac{\pi}{4}\right)\right]$，所以 $1-i$ 的 5 个 5 次方根为

$$\omega_k = \sqrt[10]{2}\left(\cos\frac{-\dfrac{\pi}{4}+2k\pi}{5} + i\sin\frac{-\dfrac{\pi}{4}+2k\pi}{5}\right)$$

$$= \sqrt[10]{2}\left[\cos\left(-\frac{\pi}{20}+\frac{2k\pi}{5}\right) + i\sin\left(-\frac{\pi}{20}+\frac{2k\pi}{5}\right)\right], \quad k=0,1,2,3,4.$$

注 2 读者课后验证，此题（1）若记 $-4 = 4(\cos\pi + i\sin\pi)$，（2）若记 $1-i = \sqrt{2}\left(\cos\dfrac{7\pi}{4} + i\sin\dfrac{7\pi}{4}\right)$，则结论和上述求解结果完全一致．

复数被广泛用于理论研究和生活实践，例如，流体力学、相对论、量子力学、应用数学、普通物理、系统分析、信号分析等．在信号分析与处理中非常重要的三大变换：傅里叶变换、拉普拉斯变换和 z 变换在进行变换时都会涉及复数；在求解微分方程时，可以利用拉普拉斯变换将微分方程转化为代数方程来求解，这些都是我们研究许多工程和金融问题的基本工具．

通过这一章的学习，我们已经将实数域扩张到了复数域．下面我们将所学习过的所有数集之间的关系整理如下：

$$\text{复数}\begin{cases} z = x + yi \\ (x, y \in \mathbf{R}) \end{cases} \begin{cases} \text{实数}\ y=0 \begin{cases} \text{有理数}\begin{cases} \text{整数}\begin{cases} \text{正整数} \\ \text{零} \\ \text{负整数} \end{cases} \\ \text{分数} \end{cases} \\ \text{无理数} \end{cases} \\ \text{虚数}\ y\neq 0 \begin{cases} \text{纯虚数}\ (x=0) \\ \text{非纯虚数}\ (x\neq 0) \end{cases} \end{cases}$$

讨论题

讨论题参考答案

1. 总结出 $i^n (n \in \mathbf{N})$ 的取值规律.

2. 试探讨两个共轭复数的和、差、积、商有什么特征.

3. 试探索如何利用泰勒级数证明欧拉公式 (5.3.2).

习题 5

1. 选择题.

（1）以下形式是纯虚数的是（　　）.

    A. $2+3i$ B. $2+0i$

    C. $0+0i$ D. $0+3i$

（2）对于虚数单位 i，当 $n \in \mathbf{Z}$ 时，下列运算正确的是（　　）.

    A. $i^{4n} = -1$ B. $i^{4n+1} = i$

    C. $i^{4n+2} = 1$ D. $i^{4n+3} = i$

（3）复数 $z = -3+4i$ 的模与辐角的主值分别为（　　）.

    A. $5, -\arctan \dfrac{4}{3}$ B. $5, \pi - \arctan \dfrac{4}{3}$

    C. $5, \pi + \arctan \dfrac{4}{3}$ D. $5, -\pi - \arctan \dfrac{4}{3}$

（4）关于复数 $z = 1-i$，正确的是（　　）.

    A. $z = \sqrt{2}\left(\cos \dfrac{\pi}{4} - i\sin \dfrac{\pi}{4}\right)$ B. $z = \sqrt{2}\,e^{i\frac{\pi}{4}}$

    C. $z = e^{\left(-\frac{\pi}{4}\right)i}$ D. $\bar{z} = -1+i$

（5）关于方程 $x^2+x+1=0$ 的共轭根，错误结论为（　　）.

    A. $\dfrac{-1 \pm \sqrt{3}i}{2}$ B. $-1 \pm \sqrt{3}i$

    C. $e^{i\left(\pm \frac{2\pi}{3}\right)}$ D. $z = \cos \dfrac{2\pi}{3} \pm i\sin \dfrac{2\pi}{3}$

（6）关于共轭复数的说法错误的是（　　）.

    A. 复数 z 与它的共轭复数 $\bar{z}$ 关于实轴对称

    B. 任何一个实数的共轭复数都是它本身

C. 两个共轭复数的差为实数

D. 复数 z 的共轭复数的共轭复数是 z，即 $\overline{\overline{z}} = z$.

（7）以下关于复数的说法正确的是（　　）.

A. 当两个复数的虚部相等时，我们称这两个复数相等

B. 复数 $1+2\mathrm{i}$ 大于复数 $2+3\mathrm{i}$

C. 实部相同且虚部正负号相反的两个复数或者实部正负号相反且虚部相同的两个复数都可以称为共轭复数

D. 如果 $a+b\mathrm{i}=0$，则一定有 $a=b=0$

（8）给出下列命题：

① 实数不是复数；② 有理数都是复数；③ $\sqrt{2}\mathrm{i}$ 是无理数；④ $1+\sqrt{3}\mathrm{i}$ 不是纯虚数.

上述命题正确的个数为（　　）.

A. 0　　　　B. 1　　　　C. 2　　　　D. 3

（9）下列说法错误的是（　　）.

A. 复数 $(a+b)\mathrm{i}$ 就相当于把复数 $a+b\mathrm{i}$ 对应的向量绕原点顺时针方向旋转 $\dfrac{\pi}{2}$

B. $-1 = \cos\pi + \mathrm{i}\sin\pi$

C. $2\mathrm{i} = 2\left(\cos\dfrac{\pi}{2} + \mathrm{i}\sin\dfrac{\pi}{2}\right)$

D. $0 = 0(\cos\theta + \mathrm{i}\sin\theta)$，$\theta$ 为任意值

（10）下列命题中正确的是（　　）.

A. 任何复数都不能比较大小

B. 若 $z_1, z_2 \in \mathbf{C}$，且 $\overline{z_1} = \overline{z_2}$，则 $z_1 = z_2$

C. 若 $z \in \mathbf{C}$，则 $z^2 = |z|^2$

D. 若 $z_1, z_2 \in \mathbf{C}$，且 $|z_1| = |z_2|$，则 $z_1 = z_2$ 或 $z_1 = \overline{z_2}$

2. 填空题.

（1）设复数 $z = \mathrm{i}^6 + 2\mathrm{i}^{13} - \mathrm{i}$，则其代数形式为 _____，模为 _____，辐角主值为 _____.

（2）复数 $\dfrac{2-\mathrm{i}}{3-4\mathrm{i}} =$ _____.

（3）若 $(1+2i)(2+i)=a+bi$，其中，$a, b \in \mathbf{R}$，i 为虚数单位，则 $a+b=$ _____．

（4）若 $(x^2+3x+2)+(x^2+6x+8)i$ 为纯虚数，那么 $x=$ _____．

（5）方程 $x^2+6x+13=0$ 的根是 _____．

（6）给出下列类比推理：

① 已知 $a, b \in \mathbf{R}$，$a-b=0 \Rightarrow a=b$．类比得，已知 $z_1, z_2 \in \mathbf{C}$，$z_1-z_2=0 \Rightarrow z_1=z_2$；

② 已知 $a, b \in \mathbf{R}$，$a-b>0 \Rightarrow a>b$．类比得，已知 $z_1, z_2 \in \mathbf{C}$，$z_1-z_2>0 \Rightarrow z_1>z_2$；

③ 由实数绝对值的性质 $|x|^2=x^2$ 类比得，复数 z 有性质 $|z|^2=z^2$；

④ 已知 $a, b, c, d \in \mathbf{R}$，若复数 $a+bi=c+di$，则 $a=c, b=d$．类比得，已知 $a, b, c, d \in \mathbf{Q}$，若实数 $a+b\sqrt{2}=c+d\sqrt{2}$，则 $a=c, b=d$；

⑤ 若 $x \in \mathbf{R}$，则 $|x|<1 \Rightarrow -1<x<1$．类比得，若 $z \in \mathbf{C}$，则 $|z|<1 \Rightarrow -1<z<1$．

上述推理结论正确的是 _____．

（7）化简 $\dfrac{(\cos\theta+i\sin\theta)^2}{[\cos(\theta+\varphi)+i\sin(\theta+\varphi)][\cos(\theta-\varphi)+i\sin(\theta-\varphi)]}=$ _____．

（8）如果复数 $\dfrac{2+ai}{1+2i}$ 的实部与虚部相等，则 $a=$ _____．

3. 当实数 a 为何值时，$z=(a^2+8a+15)+(a^2-2a-8)i$ 为

（1）实数；（2）虚数；（3）纯虚数．

4. 求下列等式中的实数 x，y．

（1）$\dfrac{x+1+yi}{1+i}=1-i$；　　　　（2）$x^2+(y+2)i=-(1-i)^4$．

5. 设复数 $z_1=3+4i$ 在复平面内对应的点为 Z_1，对应的向量为 $\overrightarrow{OZ_1}$；复数 z_2 在复平面内对应的点为 Z_2，对应的向量为 $\overrightarrow{OZ_2}$．已知 Z_1 与 Z_2 关于虚轴对称，求 z_2 及 $|z_2|$，并判断 $|\overrightarrow{OZ_1}|$ 与 $|\overrightarrow{OZ_2}|$ 的大小关系．

6. 已知 $z+|\bar{z}|=2+i$，求 $|z|$．

7. 已知 $|z-2|=2$，且 $z+\dfrac{4}{z} \in \mathbf{R}$，求 z．

8. 假设关于 x 的实系数方程 $ax^2+bx+c=0$ 有两个复根 x_1, x_2，且 $(1-3ai)i=c-\dfrac{a}{i}$，$|x_1-x_2|=1$，求 b 的值．

9. 求 $1+z+z^2+\cdots+z^{2017}$ 的值, 其中

(1) $z = \mathrm{i}$; (2) $z = -\dfrac{1}{2}+\dfrac{\sqrt{3}}{2}\mathrm{i}$.

10. 把下列复数化为三角形式.

(1) $z = \cos\dfrac{\pi}{4} - \mathrm{i}\sin\dfrac{\pi}{4}$; (2) $z = -\left(\cos\dfrac{\pi}{3} + \mathrm{i}\sin\dfrac{\pi}{3}\right)$;

(3) $z = \sin\dfrac{3\pi}{4} + \mathrm{i}\cos\dfrac{3\pi}{4}$; (4) $z = 1 + \cos\alpha + \mathrm{i}\sin\alpha$.

11. 求下列各式的值.

(1) $z = 2(7+5\mathrm{i}) + \mathrm{i}(4+3\mathrm{i}) - (5+4\mathrm{i})$; (2) $z = \dfrac{1+2\mathrm{i}}{3-4\mathrm{i}}$;

(3) $(-1+\sqrt{3}\mathrm{i})^{50}$; (4) $\dfrac{(1+\sqrt{3}\mathrm{i})(\sqrt{3}-\mathrm{i})^3}{\left(\cos\dfrac{\pi}{12} - \mathrm{i}\sin\dfrac{\pi}{12}\right)^2}$.

12. 利用复数证明下列各题.

(1) 证明图 1 (a) 中三角形的三内角和等于 π;

(2) 已知平面内三个并列且相等的正方形, 如图 1 (b) 所示. 证明 $\alpha + \beta + \gamma = \dfrac{\pi}{2}$.

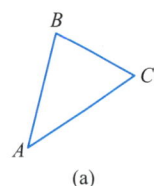

图 1

13. 设复数 $|z-3\mathrm{i}| = 5$, 求 $|z+2|$ 的最大值与最小值.

14. 求解下列各题.

(1) $\sqrt{\mathrm{i}}$; (2) $\sqrt[4]{-1}$; (3) $\sqrt[3]{1-\mathrm{i}}$.

习题 5 部分
参考答案

第六章	排列与组合

　　排列与组合是数学中的重要研究对象之一，也是解决古典概型问题的基础. 排列组合问题最早见于我国的《易经》一书. 所谓的"四象"就是每次取两个爻的排列，"八卦"是每次取三个爻的排列. 在汉代数学家徐岳的《数术记遗》（公元2世纪）中，也曾记载有与占卜有关的"八卦数"，即把卦按不同的方法在八个方位中排列起来. 它与"八个人围成一张圆桌而坐，问有多少种坐法"这一典型的排列问题类似. 十一世纪中叶，贾宪发现了与组合数相关的二项式系数，杨辉将它整理记载在《详解九章算法》一书中，这就是中国通常称的杨辉三角.

　　二项式定理，又称牛顿二项式定理，由牛顿（Newton, 1643—1727）提出，讨论的是 $(a+b)^n$ 在 n 为任意正整数时的展开式. 所以说二项式定理是多项式乘法的继续，是排列组合知识的具体应用，它的证明是计数原理的应用.

　　本章主要介绍计数原理、排列、组合、二项式定理及其应用.

学习目标：
1. 理解加法原理与乘法原理的概念与区别，会用两个原理解决一些简单的实际问题.
2. 理解排列与组合的概念，掌握二者间的区别与联系.
3. 能用计数原理推导排列数与组合数公式，掌握排列数与组合数的计算.
4. 能用计数原理证明二项式定理，掌握二项式展开式系数的性质.

6.1 计数原理

随着大家掌握的内容越来越多，我们的计数能力变得越来越强大．

问题 1　如图 6.1.1（a）所示，从甲地到乙地共有 3 条铁路，2 条公路，试问从甲地到乙地共有多少种方法？

问题 2　如图 6.1.1（b）所示，从甲地到乙地有 3 种方法，从乙地到丙地有 2 种方法，试问从甲地到丙地共有多少种方法？

对问题 1，我们采用分类计数的思维：先将问题分解为 2 个"类别"，即铁路与公路；再分类解决各个类别的方法，即铁路类别有 3 种方法、公路类别有 2 种方法；那么从甲地到乙地共有 3+2=5 种方法．

对问题 2，我们采用分步计数的思维：先将问题分解为两个"步骤"，即第一步为从甲地到乙地，第二步为从乙地到丙地；再对每个步骤进行细致分析，即第一步有 3 种方法、第二步有 2 种方法；最后将两步整合为一个完整的过程，那么从甲地到丙地共有 3×2=6 种方法．

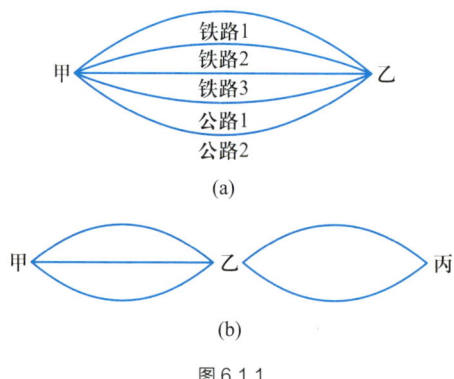

图 6.1.1

我们将上述两类问题的解法推广到一般情况，就可以抽象出两种计数原理的定义．

定义 1　<u>分类计数原理</u>　完成一件事情有 n 类不同方案，在第一类方案中有 m_1 种不同方法，在第二类方案中有 m_2 种不同方法……在第 n 类方案中有 m_n 种不同方法，那么完成这件事共有

$$N = m_1 + m_2 + \cdots + m_n$$

种不同方法. 分类计数原理又称为加法原理.

分步计数原理 完成一件事情需要 n 个步骤,在第一步中有 m_1 种不同方法,在第二步中有 m_2 种不同方法……在第 n 步中有 m_n 种不同方法,那么完成这件事共有

$$N = m_1 \times m_2 \times \cdots \times m_n$$

种不同方法. 分步计数原理又称为乘法原理.

在用两个计数原理解决计数问题时,读者需要注意两点:第一,判断完成一件事情,究竟是分类还是分步完成的;第二,若是分类完成的,在每一类中又有多少种方法,若是分步完成的,在每一步中又有多少种方法.

例 书架的第一层放有 4 本不同的计算机书,第二层放有 3 本不同的文学书,第三层放有 2 本不同的数学书,试问

(1)从书架上任取 1 本书,有多少种取法?

(2)从书架的第一、二、三层各取 1 本书,有多少种不同的取法?

解 (1)从书架上任取 1 本书,有三类不同的取法:分别有 4,3,2 种取法. 根据分类计数原理,共有

$$4 + 3 + 2 = 9$$

种不同取法.

(2)从书架的第一、二、三层各取 1 本书,可以分成三个步骤完成,每一步分别有 4,3,2 种取法. 根据分步计数原理,共有

$$4 \times 3 \times 2 = 24$$

种不同取法.

分类计数原理与分步计数原理是人类在大量实践经验的基础上归纳出的基本规律,它们是推导排列数、组合数计算公式的依据. 从思想方法的角度看,我们可以运用分类计数原理先将一个复杂问题分解为若干"类别",然后再分类解决,各个击破;运用分步计数原

理先将一个复杂问题分解为若干"步骤",并对每个步骤进行细致分析,再整合为一个完整的过程.这样做的目的是为了分解问题、简化问题.

讨论题

分类计数原理和分步计数原理的共同点是什么?不同点是什么?

讨论题参考答案

6.2 排列

引例 如何从甲、乙、丙3名同学中选出2名同学参加一项活动,其中1名同学参加上午的活动,另外1名同学参加下午的活动?

用怎样的数学模型处理引例中的这种计数问题呢?

下面我们按分步计数原理的思路去解决这一问题,可分为两个步骤:第一步,确定参加上午活动的同学,从3人中选1人;第二步,确定参加下午活动的同学,在参加上午活动的同学确定后,参加下午活动的同学就只能从余下的2人中去选.则参加活动同学的选择方式的所有可能情形的树状图如图6.2.1所示.

图 6.2.1

由此我们归纳出排列的定义.

定义 2 从 n 个不同元素中无重复地取出 $m(m \leqslant n)$ 个元素,按照一定次序排成一列,称为从 n 个不同元素中取出 m 个元素的一个无重复排列或直线排列,简称排列.

由定义 2 知,当且仅当两个排列的元素完全相同,且元素的排列顺序也相同时,称这两个排列是相同的;否则,就是不同的排列.例如，引例中的排列（甲，丙）与（丙，甲）和（甲，乙）都是不同的排列．

排列可分为选排列与全排列两种．在定义 2 中，当 $m<n$ 时，称这个排列为**选排列**；当 $m=n$ 时，称这个排列（取出所有对象的排列）为**全排列**．

注 1 若从 n 个不同元素中可重复地取出 m 个元素（其中的每个元素可选 n 次），按照一定次序排成一列，称为从 n 个不同元素中取 m 个元素的一个**可重复排列**；而从 n 个不同元素中无重复地选取 m 个元素进行**圆排列**则相当于从 n 个不同元素中选出的 m 个不同元素需要围成一个圆．

例 1 从 4 个不同元素 a，b，c，d 中任取 3 个，然后按照一定的顺序排成一列，共有多少种不同的方法？

解 本例按分步计数原理的思路去求解，共分三步完成．第一步，把 a，b，c，d 中的任意一个元素排在第一个位置上，有 4 种排法；第二步，在第一个位置上的元素排好后，第二个位置上的元素就有 3 种排法；第三步，在第一和第二个位置上的元素排好后，第三个位置上的元素就有 2 种排法．则元素排列的所有可能情形的树状图如图 6.2.2 所示．

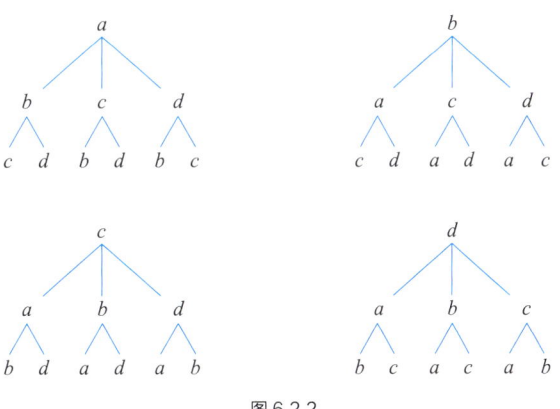

图 6.2.2

共有 $4 \times 3 \times 2 = 24$ 种不同的排列，它们分别是

abc，abd，acb，acd，adb，adc，

bac，bad，bca，bcd，bda，bdc，

$$cab,\quad cad,\quad cba,\quad cbd,\quad cda,\quad cdb,$$
$$dab,\quad dac,\quad dba,\quad dbc,\quad dca,\quad dcb.$$

注 2 例 1 按所给元素, 依次考虑第一位、第二位、第三位各个位置上所有可能的元素变化, 既保证了所有的排列无重复无遗漏, 又保证了每一个排列里的元素无重复无遗漏.

问题 1 对 3 个元素的排列, 我们很容易用树状图一一列举, 但对从 1 到 9 这 9 个数中选出 5 个数的所有排列, 若想用树状图一一列举就不易了. 这时又应该怎么得到从 9 个数中选取 5 个数的排列个数呢?

我们继续按分步计数原理的思路将问题 1 分成 5 个步骤, 即从第 1 位到第 5 位分别选排: 第 1 位可从这 9 个数中任意取出一个来排, 有 9 种排法; 第 2 位只能从剩下的 8 个数里任选一个来排, 有 8 种排法; 第 3 位只能从剩下的 7 个数里任选一个来排, 有 7 种排法; 第 4 位只能从剩下的 6 个数里任选一个来排, 有 6 种排法; 第 5 位只能从剩下的 5 个数里任选一个来排, 有 5 种排法, 如图 6.2.3 所示.

9种排法	8种排法	7种排法	6种排法	5种排法
第1位	第2位	第3位	第4位	第5位

图 6.2.3

根据乘法原理可知: 从 9 个数中选取 5 个数的排列个数为

$$9 \times 8 \times 7 \times 6 \times 5 = 15\,120,$$

即有 15 120 种不同的排列方法.

定义 3 从 n 个不同元素中取出 $m(m \leqslant n)$ 个元素的所有排列的个数, 称为从 n 个不同元素中取出 m 个元素的<u>排列数</u>, 记为 A_n^m.

例如, 引例是求 $A_3^2 = 6$, 例 1 是求 $A_4^3 = 24$, 问题 1 是求 $A_9^5 = 15\,120$. 那一般情况下, A_n^m 等于多少?

仿照问题 1, 要完成 "从 n 个元素中取出 m 个元素的排列" 这个事件, 可把这 m 个元素所排列的位置划分为第 1 位, 第 2 位, $\cdots$, 第 m 位, 如图 6.2.4 所示.

n 种排法	n–1 种排法	n–2 种排法	⋯	n–m+1 种排法
第1位	第2位	第3位	⋯	第m位

图 6.2.4

第 1 步，从 n 个元素中任选 1 个来排在第 1 位，有 n 种排法；

第 2 步，在余下的 $n-1$ 个元素中任选 1 个来排在第 2 位，有 $n-1$ 种排法；

第 3 步，在余下的 $n-2$ 个元素中任选 1 个来排在第 3 位，有 $n-2$ 种排法；

⋯⋯⋯⋯

第 m 步，在余下的 $n-(m-1)$ 个元素中任选 1 个来排在第 m 位，有 $n-m+1$ 种排法．

至此，m 个位置排列完毕，事件完成．根据乘法原理，共有

$$n(n-1)(n-2)\cdots(n-m+1)$$

种排法．

综上所述，从 n 个不同元素中取出 m 个元素的排列数公式为

$$A_n^m = n(n-1)(n-2)\cdots(n-m+1), \qquad (6.2.1)$$

其中 $n, m \in \mathbf{N}^*$，且 $m \leqslant n$．

特别地，当 $m=n$ 时，全排列的计算公式为

$$A_n^n = n(n-1)(n-2)\cdot\cdots\cdot 2 \cdot 1, \qquad (6.2.2)$$

并称（6.2.2）式为 n 的**阶乘**，通常用 $n!$ 表示，即

$$A_n^n = n!.$$

排列数公式（6.2.1）有如下特点：

（1）它是 m 个连续正整数的积；

（2）第一个因数最大，它是 A 的下标 n；

（3）第 m 个因数，即最后一个因数最小，它是 A 的下标 n 减去上标 m 再加 1.

例 2 证明

$$A_n^m = \frac{n!}{(n-m)!}. \qquad (6.2.3)$$

证 $A_n^m = n(n-1)(n-2)\cdots(n-m+1)$
$= \dfrac{n(n-1)(n-2)\cdots(n-m+1)(n-m)(n-m-1)\cdots 1}{(n-m)(n-m-1)\cdots 1}$
$= \dfrac{n!}{(n-m)!}.$

为了使得（6.2.3）式对 $m=n$ 时也成立，我们规定 $0!=1$。同时，为方便起见，也规定 $A_n^0 = 1$。

例3 中国足球超级联赛共有 16 个队参加，每队要与其余各队在主、客场分别比赛一次，试问总共要进行多少场比赛？

解 此问题对应于从 16 个元素中任取 2 个元素的排列问题，因此，比赛的总场次是

$$A_{16}^2 = 16 \times 15 = 240.$$

例4 用 0 到 9 这 10 个数字可以组成多少个没有重复数字的三位数？

分析 在此问题中，0 是一个特殊的元素，它不能排在百位上。此时，我们可以从特殊元素的排列位置入手考虑所求问题。

解 方法一

| 百位 | 十位 | 个位 |

A_9^1 $\quad$ A_9^2

第 1 步：排百位的数字，是从 1 到 9 这 9 个数字中任选 1 个，有 A_9^1 种选法。

第 2 步：排十位和个位数字，从余下的 9 个数字中选 2 个进行排列，有 A_9^2 种选法。根据分步计数原理，所求三位数的个数为

$$A_9^1 \times A_9^2 = 648.$$

方法二

符合条件的三位数可分为 3 类，每一位数字都不是 0 的三位数有 A_9^3 个，个位数字是 0 的三位数有 A_9^2 个，十位数字是 0 的三位数有 A_9^2 个。根据分类计数原理，符合条件的三位数个数为

$$A_9^3 + A_9^2 + A_9^2 = 648.$$

方法三（容斥法）

先包容：从 0 到 9 这 10 个数字中任取 3 个数字进行排列，排列数为 A_{10}^3，

再排斥：数字 0 在百位上的排列数是 A_9^2.

则所求的三位数的个数为

$$A_{10}^3 - A_9^2 = 648.$$

注 3 由分步计数原理知，从 n 个不同元素中取 m 个元素的可重复排列数公式为

$$n^m = \underbrace{n \times n \times \cdots \times n}_{\text{共}m\text{个，表示}m\text{步中每一步均有}n\text{种选法}}.$$

从 n 个不同元素中选取 m 个元素进行圆排列数为 $\dfrac{A_n^m}{m}$. 例如，让编号为 $abcd$ 的四个人围圆桌而做的方案数为 $\dfrac{A_4^4}{4} = \dfrac{4!}{4} = (4-1)! = 6$，这是因为圆排列相当于将要排序的元素围成一个圆，所以四人的线排列共有 $A_4^4 = 4!$ 种，但对于其中的每一种排列它对应着四种等价的圆排列（比如 $abcd$、$bcda$、$cdab$、$dabc$）.

讨论题参考答案

讨论题

"排列"与"排列数"有何区别与联系？

6.3 组合

引例 1 从甲、乙、丙 3 名同学中选出 2 名参加一项活动，不需要对他们的顺序进行排列，共有多少种不同的选法？

引例 2 从 1，2，3 三个数字中选择两个数构成一个集合，共有多少种不同的选法？

读者不难看出：上述两个引例都有 3 种选法，而且都具有一个特征：从给定的三个元素中取出两个元素，但不需要考虑这两个元素的顺序．这正是下面要研究的组合问题．

定义 4　从 n 个不同元素中无重复地取出 $m(m \leqslant n)$ 个元素，不管其顺序合成一组，称为从 n 个不同元素中取出 m 个元素的一个**组合**．

问题 1　怎样才能无重复无遗漏地把所有的组合写出来？

由定义 4 知，组合是"只取不排"的一种无序性选择方法．当且仅当两个组合的元素完全相同，这两个组合是相同的．

例 1　写出从 a，b，c，d 这 4 个元素中每次取出 2 个元素的所有组合．

解　先画一个示意图（图 6.3.1）：

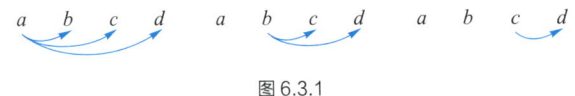

图 6.3.1

由图 6.3.1 可写出所有的组合：

$$ab,\ ac,\ ad,\ bc,\ bd,\ cd.$$

例 2　写出从 a，b，c，d 这 4 个元素中每次取出 3 个元素的所有组合．

解　当取出的元素个数超过所给元素个数的一半时，采用去掉元素的方法进行组合比较方便．例如，从 a，b，c，d 中

去掉 d，得到组合 abc；

去掉 c，得到组合 abd；

去掉 b，得到组合 acd；

去掉 a，得到组合 bcd．

从而所有的组合为

$$abc,\ abd,\ acd,\ bcd.$$

注　例 1 是按"依次更换元素"（无遗漏）、"只往后组合，不往前组合"（无重复的组合）的方法写出所有的组合；当取出的元素个数超

过所给元素个数一半时，可按例2中去掉元素的方法写出所有的组合.

定义 5 从 n 个不同元素中无重复地取出 m ($m \leq n$) 个元素的所有组合的个数，称为从 n 个不同元素中取出 m 个元素的<u>组合数</u>，记为 C_n^m.

例如，例1是求 $C_4^2 = 6$，例2是求 $C_4^3 = 4$.

问题 2 一般情况下，如果不写出所有的组合，C_n^m 等于多少呢？

一般地，从 n 个不同元素中无重复地取出 m 个元素做排列（其排列数为 A_n^m），可以分成两步来完成.

第1步，从 n 个不同元素中无重复地取出 m 个元素做一个组合，有 C_n^m 种取法；

第2步，将每一个组合中的 m 个元素做全排列，有 A_m^m 种排法.

根据乘法原理，得到

$$A_n^m = C_n^m \cdot A_m^m. \quad (6.3.1)$$

利用排列数的计算公式，由（6.3.1）式可得组合数公式为

$$C_n^m = \frac{A_n^m}{A_m^m} = \frac{n(n-1)\cdots(n-m+1)}{m!}, \quad (6.3.2)$$

其中 $n, m \in \mathbf{N}^*$，并且 $m \leq n$.

因为 $A_n^m = \dfrac{n!}{(n-m)!}$，所以组合数公式（6.3.2）还可以记为

$$C_n^m = \frac{n!}{m!(n-m)!}.$$

规定 $C_n^0 = 1$.

读者可自行证明组合数还具有如下两个性质：

（1）$C_n^m = C_n^{n-m}$；

（2）$C_{n+1}^m = C_n^m + C_n^{m-1}$.

性质的第一个公式表明，当 $m > \dfrac{n}{2}$ 时，将计算 C_n^m 转化为计算 C_n^{n-m} 会更简单. 例如，

$$C_{10}^7 = C_{10}^{10-7} = C_{10}^3 = \frac{10 \times 9 \times 8}{3 \times 2 \times 1} = 120.$$

例 3 在100件产品中，有98件合格品，2件次品. 从这100

件产品中任意抽取 3 件,

(1) 有多少种不同抽法?

(2) 抽出的 3 件产品中恰有 1 件是次品的抽法有多少种?

(3) 抽出的 3 件产品中至少有 1 件是次品的抽法有多少种?

解 (1) 所求问题即为从 100 件产品中取出 3 件的组合数

$$C_{100}^3 = \frac{100 \times 99 \times 98}{3 \times 2 \times 1} = 161\,700.$$

(2) 从 2 件次品中抽出 1 件次品的抽法有 C_2^1 种,从 98 件合格品中抽出 2 件合格品的抽法有 C_{98}^2 种,根据分步计数原理,抽出的 3 件产品中恰好有 1 件是次品的抽法的种数是

$$C_2^1 \times C_{98}^2 = 9\,506.$$

(3) 方法一 从 100 件产品抽出的 3 件产品中至少有 1 件是次品,包括两种情况:恰有 1 件次品,恰有 2 件次品.

由(2)知,恰有 1 件次品的抽法有 $C_2^1 \times C_{98}^2$ 种.同理,抽出的 3 件产品中恰好有 2 件是次品的抽法有 $C_2^2 \times C_{98}^1$ 种.

根据加法原理,抽出的 3 件产品中至少有 1 件是次品的抽法的种数是

$$C_2^1 \times C_{98}^2 + C_2^2 \times C_{98}^1 = 9\,604.$$

方法二(容斥法) 抽出的 3 件产品中至少有 1 件是次品的抽法的种数,也就是从 100 件产品中抽出 3 件产品的抽法的种数减去抽出来的 3 件全是合格品的抽法的种数,即先包容,从 100 件产品中抽出 3 件产品 C_{100}^3 种抽法;再排斥,抽出的 3 件产品都是合格品 C_{98}^3 种抽法.则所求抽法种数为

$$C_{100}^3 - C_{98}^3 = 9\,604.$$

讨论题

1. 排列与组合有什么区别与联系?

2. 自高考不分文理科后，思想政治、历史、地理、物理、化学、生物这 6 大科目就是选考的了．如果考生可以从中任选 3 科作为自己的高考科目，那么选考的组合方式一共有多少种可能的情况呢？

如果用 {思想政治，历史，地理} 表示其中一种选考的组合，你能用类似的方法表示出所有的组合方式吗？还有更简单的表示方法吗？

3. 如何利用组合的定义或组合数公式证明组合数的以下两个性质？

（1） $C_n^m = C_n^{n-m}$；

（2） $C_{n+1}^m = C_n^m + C_n^{m-1}$．

讨论题参考答案

6.4 二项式定理

问题 小华进行投篮练习，共投了 10 次．如果只考虑是否投中，那么投篮结果可以分成 11 类：投中 0 次，投中 1 次，投中 2 次……投中 10 次．而投中 0 次只有 $C_{10}^0 = 1$ 种情况，投中 1 次有 C_{10}^1 种情况，投中 2 次有 C_{10}^2 种情况……投中 10 次有 C_{10}^{10} 种情况．因而，小华投篮 10 次，投篮情况共有

$$C_{10}^0 + C_{10}^1 + C_{10}^2 + \cdots + C_{10}^{10}$$

种．上式的计数结果是多少呢？更一般地，$C_n^0 + C_n^1 + C_n^2 + \cdots + C_n^n = ?$

利用本节学习的二项式定理，可以快速地回答问题 1.

定理 1 当 $n \in \mathbf{N}^*$，有

$$(a+b)^n = C_n^0 a^n b^0 + C_n^1 a^{n-1} b^1 + C_n^2 a^{n-2} b^2 + \cdots + C_n^n a^0 b^n = \sum_{r=0}^{n} C_n^r a^{n-r} b^r.$$

（6.4.1）

公式（6.4.1）称为 二项式定理，其等号右边的多项式称为 $(a+b)^n$ 的 二项展开式，它共有 $n+1$ 项，其中 $C_n^r a^{n-r} b^r$ 是展开式中的第 $r+1$ 项，称其为二项展开式的 通项，用 T_{r+1} 表示，即

$$T_{r+1} = C_n^r a^{n-r} b^r \ (0 \leqslant r \leqslant n),$$

并将各项的系数 C_n^r（$r = 0, 1, \cdots, n$）称为<u>二项式系数</u>.

如何证明（6.4.1）呢？我们既可以用数学归纳法证明（读者课后自行完成），又可以利用前面学习的计数原理与排列组合知识证明. 下面采用后一种方法证明.

在证明之前，我们先观察在

$$(a+b)^3 = (a+b)(a+b)(a+b) = a^3 + 3a^2b + 3ab^2 + b^3 \quad （6.4.2）$$

中，右边展开式中各项结构是如何利用计数原理与排列组合知识形成的.

显然，（6.4.2）式的右边展开式中任何一项都是在中间 3 个括号中各取一个字母相乘而得到的. 例如，第 1 个括号取 a，第二个括号取 b，第三个括号取 a，则得到 a^2b. 因而展开式中每一项都一定是 3 次项，即展开式中只能含有 a^3，a^2b，ab^2，b^3.

下面来探讨（6.4.2）式的左边展开后到底分别有多少个 a^3，a^2b，ab^2，b^3. 例如，在（6.4.2）式中间的 3 个括号中，只要有 1 个取 b（剩下的 2 个就只能取 a），就能得到 a^2b，共有 C_3^1 种取法，因此就有 $C_3^1 = 3$ 个 a^2b；同理，（6.4.2）式的左边展开后有 $C_3^2 = 3$ 个 ab^2. 而 a^3 看成（6.4.2）式的中间 3 个括号中取 0 个 b 得到的结果，因此有 $C_3^0 = 1$ 个 a^3；类似地，b^3 看成（6.4.2）式的中间 3 个括号中取 3 个 b 得到的结果，因此有 $C_3^3 = 1$ 个 b^3.

最后，利用加法原理，有（6.4.2）式成立.

证 先确定 $(a+b)^n$ 的展开式中共有多少项. $(a+b)^n$ 是 n 个 $a+b$ 相乘，每个 $a+b$ 在相乘时有两种选择，选 a 或选 b. 由分步计数原理，$(a+b)^n$ 的展开式共有 $C_2^1 \times C_2^1 \times \cdots \times C_2^1 = 2^n$ 项，而且每一项都是 $a^{n-r}b^r$（$r = 0, 1, 2, \cdots, n$）的形式.

再将这 2^n 项中相同的项进行合并，可确定每一项 $a^{n-r}b^r$（$r = 0, 1, 2, \cdots, n$）前面的系数：对于某个 r（$r \in \{0, 1, 2, \cdots, n\}$），对应的项 $a^{n-r}b^r$ 是由 r 个 $a+b$ 中选 b，剩下的 $n-r$ 个 $a+b$ 中选 a 得到的. 当 b 选定后，a 的选法也随之确定，因此 $a^{n-r}b^r$ 出现的次数相当于从 n

个 $a+b$ 中选取 r 个因式 $(a+b)$ 且选其中的 b 的组合数为 C_n^r. 也就是说，在 $(a+b)^n$ 的展开式中，有 C_n^r 个 $a^{n-r}b^r$，将它们合并同类项，就得到二项展开式：

$$(a+b)^n = C_n^0 a^n b^0 + C_n^1 a^{n-1} b^1 + C_n^2 a^{n-2} b^2 + \cdots + C_n^n a^0 b^n$$
$$= \sum_{r=0}^{n} C_n^r a^{n-r} b^r \, (n \in \mathbf{N}^*).$$

例1 利用二项展开式 $(a+b)^n = \sum_{r=0}^{n} C_n^r a^{n-r} b^r$ 展开 $(1+2x)^5$.

解 $(1+2x)^5 = C_5^0 \cdot 1^5 \cdot (2x)^0 + C_5^1 \cdot 1^4 \cdot (2x)^1 + C_5^2 \cdot 1^3 \cdot (2x)^2 +$
$\qquad C_5^3 \cdot 1^2 \cdot (2x)^3 + C_5^4 \cdot 1^1 \cdot (2x)^4 + C_5^5 \cdot 1^0 \cdot (2x)^5$
$= 1 + 10x + 40x^2 + 80x^3 + 80x^4 + 32x^5.$

读者需注意，在一般情况下，展开式中某一项的系数与其对应的二项式系数是不相等的. 例如，例1的展开式中 x 的系数为 10，但展开式中与其对应的第二项的二项式系数却是 $C_5^1 = 5$；x^5 的系数为 32，但展开式中与其对应的第六项的二项式系数却是 $C_5^5 = 1$.

例2 求 $\left(x - \dfrac{2}{\sqrt{x}}\right)^6$ 的展开式中含 x^3 的项和常数项的值及常数项对应的二项式系数.

解 因为 $\left(x - \dfrac{2}{\sqrt{x}}\right)^6 = \left[x + \left(-2x^{-\frac{1}{2}}\right)\right]^6$，所以展开式中的第 $r+1$ 项为

$$T_{r+1} = C_6^r x^{6-r} \left(-2 x^{-\frac{1}{2}}\right)^r = (-2)^r C_6^r x^{6-r-\frac{r}{2}}.$$

要使第 $r+1$ 项含有 x^3，需 $6 - r - \dfrac{r}{2} = 3$，解得 $r = 2$，因而含 x^3 的项为

$$T_3 = (-2)^2 C_6^2 x^3 = 60 x^3.$$

要得到常数项，需 $6 - r - \dfrac{r}{2} = 0$，解得 $r = 4$，因而常数项是第 5 项，且

$$T_5 = (-2)^4 C_6^4 x^0 = 240,$$

从而可得常数项的值为 240，其对应的二项式系数为 $C_6^4 = 15$.

在（6.4.1）式中，若令 $a=1, b=x$，则有二项式定理的另一个常用形式

$$(1+x)^n = C_n^0 + C_n^1 x + C_n^2 x^2 + \cdots + C_n^n x^n = \sum_{k=0}^{\infty} C_n^k x^k \ (n \in \mathbf{N}^*, x \in \mathbf{R}) \ .$$
（6.4.3）

当（6.4.3）式中左边的指数为负整数时，公式（6.4.3）依然成立，即

$$(1+x)^{-n} = \sum_{k=0}^{\infty} C_{-n}^k x^k \ (n \in \mathbf{N}^*, x \in \mathbf{R}) \ .$$

还可将二项展开式中 $(a+b)^n$ 中的正整指数 n 推广到实指数 α，其结论形式不变，即

$$(a+b)^\alpha = \sum_{k=0}^{\infty} \frac{\alpha(\alpha-1)\cdots(\alpha-k+1)}{k!} a^{\alpha-k} b^k, \alpha \in \mathbf{R} \ .$$ （6.4.4）

在今后高等数学的学习中，将多次用到二项展开式，希望读者熟记．

例 3 证明数列 $x_n = \left(1+\dfrac{1}{n}\right)^n$ 单调有界．

证 由二项展开式可得

$$\begin{aligned}
x_n &= \left(1+\frac{1}{n}\right)^n = 1 + C_n^1 \frac{1}{n} + C_n^2 \frac{1}{n^2} + \cdots + C_n^n \frac{1}{n^n} \\
&= 1 + \frac{n}{1!} \cdot \frac{1}{n} + \frac{n(n-1)}{2!} \cdot \frac{1}{n^2} + \frac{n(n-1)(n-2)}{3!} \cdot \frac{1}{n^3} + \cdots + \\
&\quad \frac{n(n-1)\cdots(n-n+1)}{n!} \cdot \frac{1}{n^n} \\
&= 2 + \frac{1}{2!}\left(1-\frac{1}{n}\right) + \frac{1}{3!}\left(1-\frac{1}{n}\right)\left(1-\frac{2}{n}\right) + \cdots + \\
&\quad \frac{1}{n!}\left(1-\frac{1}{n}\right)\left(1-\frac{2}{n}\right)\cdots\left(1-\frac{n-1}{n}\right).
\end{aligned}$$

类似地，有

$$x_{n+1} = \left(1+\frac{1}{n+1}\right)^{n+1} = 2 + \frac{1}{2!}\left(1-\frac{1}{n+1}\right) + \cdots +$$

$$\frac{1}{n!}\left(1-\frac{1}{n+1}\right)\left(1-\frac{2}{n+1}\right)\cdots\left(1-\frac{n-1}{n+1}\right)+$$
$$\frac{1}{(n+1)!}\left(1-\frac{1}{n+1}\right)\left(1-\frac{2}{n+1}\right)\cdots\left(1-\frac{n}{n+1}\right).$$

因为 $1-\frac{k}{n}<1-\frac{k}{n+1}<1$，所以比较 x_n 与 x_{n+1} 中相同位置的项，可知它们的前两项相同，从第三项到第 $n+1$ 项，x_{n+1} 的每项都大于 x_n 中对应的项，且 x_{n+1} 还多了最后一个正项，因此

$$x_n < x_{n+1},$$

这说明数列 $\{x_n\}$ 是单调增加的.

因为 $1-\frac{1}{n}, 1-\frac{2}{n}, \cdots, 1-\frac{n-1}{n}$ 都小于 1，所以

$$2 \leqslant x_n = \left(1+\frac{1}{n}\right)^n < 1+1+\frac{1}{2!}+\frac{1}{3!}+\cdots+\frac{1}{n!}$$
$$< 1+1+\frac{1}{2\times 1}+\frac{1}{3\times 2}+\cdots+\frac{1}{n\times(n-1)}$$
$$= 2+\left(1-\frac{1}{2}\right)+\left(\frac{1}{2}-\frac{1}{3}\right)+\cdots+\left(\frac{1}{n-1}-\frac{1}{n}\right)$$
$$= 3-\frac{1}{n}<3,$$

故数列 $\{x_n\}$ 有界.

由（6.4.1）式易知，二项式展开式与组合数的关系十分密切，所以说二项式定理是组合恒等式的一个重要源泉，下面列举几个.

在（6.4.3）式中，若令 $x=1$，则有

$$2^n = C_n^0 + C_n^1 + C_n^2 + \cdots + C_n^n; \qquad (6.4.5)$$

由（6.4.5）式，问题 1 中的计数结果得以解决，且投篮情况共有

$$C_{10}^0 + C_{10}^1 + C_{10}^2 + \cdots + C_{10}^{10} = 2^{10} = 1\,024 \text{（种）}.$$

在（6.4.3）式中，若令 $x=-1$，则有

$$0 = C_n^0 - C_n^1 + C_n^2 - C_n^3 + C_n^4 - C_n^5 + \cdots + (-1)^n C_n^n. \qquad (6.4.6)$$

观察（6.4.1）式，由组合数的性质（1），易知二项式展开式的系数

$$C_n^0, C_n^1, C_n^2, \cdots, C_n^{n-2}, C_n^{n-1}, C_n^n \qquad (6.4.7)$$

是对称的. 在（6.4.7）式中，二项式系数先逐渐变大，再逐渐变小；当 n 是偶数时，中间一项的二项式系数最大；当 n 是奇数时，中间两项的二项式系数相等且最大；首末两项的二项式系数都是 1.

讨论题

1. 二项展开式中的每一项有什么规律和特点？

2. 试简述二项式定理的发展简史及应用，说明我国古代数学家发现二项式定理的有关结论比西方早好几百年.

讨论题参考答案

习题 6

1. 选择题.

（1）一个袋子里放有 6 个球，另一个袋子里放有 8 个球，每个球各不相同，从两袋子里各取一个球，有（　　）种取法.

　　A. 182　　　　B. 14　　　　C. 48　　　　D. 91

（2）集合 $A=\{a, b, c\}$，$B=\{d, e, f, g\}$，从集合 A 到集合 B 的不同的映射个数是（　　）.

　　A. 24　　　　B. 81　　　　C. 6　　　　D. 64

（3）5 本不同的书，全部送给 6 位学生，有多少种不同的送书方法.（　　）.

　　A. 720 种　　B. 7 776 种　　C. 360 种　　D. 3 888 种

（4）同一年级有 4 个班，四位老师各教一个班的数学. 在数学考试时，要求每位老师均不在本班监考，则安排监考的方法有（　　）.

　　A. 8 种　　　B. 9 种　　　C. 10 种　　　D. 11 种

（5）某通信公司推出一组手机卡号码，卡号的前七位数字固定，从"×××××××0000"到"×××××××9999"共 10 000 个号码，公司规定：凡卡号的后四位带有数字"4"或"7"的一律作为"优惠卡",则这组号码中"优惠卡"的个数为（　　）.

A. 2 000　　B. 4 096　　C. 5 904　　D. 8 320

（6）如图1所示，小圆圈表示网络的结点，结点之间有连线表示它们有网线相连．连线上标注的数字表示该段网线单位时间内可以通过的最大信息量．现从结点 A 向结点 B 传递信息，信息可以分开从不同的路线同时传递，则单位时间内传递的最大信息量为（　　）.

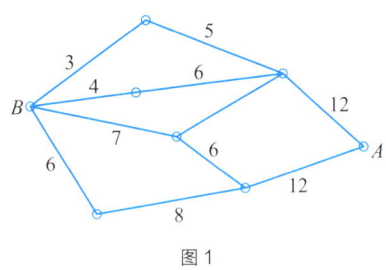

图1

A. 26　　B. 24　　C. 20　　D. 19

（7）定义集合 A 与 B 的运算 $A*B$ 如下：$A*B=\{(x, y) | x \in A, y \in B\}$，若 $A=\{a, b, c\}$，$B=\{a, c, d, e\}$，则集合 $A*B$ 的元素个数为（　　）.

A. 3^4　　B. 4^3　　C. 12　　D. 24

（8）某医院研究所研制了5种消炎药 X_1、X_2、X_3、X_4、X_5 和4种退烧药 T_1、T_2、T_3、T_4，现从中取出两种消炎药和一种退烧药进行同时使用的疗效试验，又知 X_1、X_2 两种消炎药必须同时搭配使用，但 X_3 和 T_4 两种药不能同时使用，则不同的试验方案有（　　）.

A. 16 种　　B. 15 种　　C. 14 种　　D. 13 种

（9）如果小明在某一周的第一天和第七天分别吃了3个水果，且假设从这周的第二天开始，每天所吃水果的个数与前一天相比，仅存在三种可能：或"多一个"或"持平"或"少一个"，那么，小明在这一周中每天所吃水果个数的不同选择方案共有（　　）.

A. 50 种　　B. 51 种　　C. 140 种　　D. 141 种

（10）六张卡片上分别写有数字1,1,2,3,4,5，从中取四张排成一排，组成的四位数为奇数的个数为（　　）.

A. 180　　B. 126　　C. 93　　D. 60

2. 填空题（用数字作答）.

（1）有 4 个不同的小球，全部放入 4 个不同的盒子内，恰好有两个盒子不放球的放法有 _____ 种.

（2）用数字 0, 1, 2, 3, 4 组成没有重复数字的五位数，则其中数字 1, 2 相邻的偶数有 _____ 个.

（3）三边边长均为整数且最大边长为 11 的三角形有 _____ 个.

（4）5 名乒乓球队员中，有 2 名老队员和 3 名新队员. 现从中选出 3 名队员排成 1, 2, 3 号参加团体比赛，则入选的 3 名队员中至少有一名老队员，且 1, 2 号中至少有 1 名新队员的排法有 _____ 种.

（5）一个口袋中有带有标号的 2 个白球、3 个黑球，则从袋中摸出 1 个是黑球，放回后再摸一个是白球的情况共有 _____ 种.

（6）从标有 1, 2, 3, 4, 5, 6 的 6 张卡片中任取 3 张，积是偶数的情况有 _____ 种.

（7）$C_{10}^5 C_{10}^0 - C_{10}^{10} + \dfrac{A_{10}^5}{A_5^5} =$ _____ .

（8）$C_7^3 + A_4^1 + A_4^2 + A_4^3 + A_4^4 - C_7^4 =$ _____ .

3. 有不同的红球 8 个，不同的白球 7 个.

（1）从中任意取出一个球，有多少种不同的取法？

（2）从中任意取出两个不同颜色的球，有多少种不同的取法？

4. 平面上有 9 个点，其中 4 个点在同一条直线上，此外任意三点不共线.

（1）过每两点连线，可得几条直线？

（2）以每三点为顶点作三角形，可作几个？

（3）以一点为端点作过另一点的射线，这样的射线可作出几条？

（4）分别以其中两点为起点和终点，最多可作出几个向量？

5. 假设 100 件产品中有 3 件次品，从中任意抽取 5 件，求下列抽取方法各有多少种？

（1）没有次品.

（2）恰有两件是次品.

（3）至少有两件是次品.

6. 7个人按如下各种方式排队照相，分别有多少种排法？

（1）甲必须站在正中间．

（2）甲乙必须站在两端．

（3）甲乙不能站在两端．

（4）甲乙两人要站在一起．

7. 一个口袋内装有 5 个白球和 3 个黑球，从中任意取出一个球．

（1）"取出的球是白球"的情形有多少种？

（2）"取出的球是黑球"的情形有多少种？

（3）"取出的球是白球或黑球"的情形有多少种？

8. 在一次口试中，要从编号为 1—5 的 5 个题中随机抽出 3 个进行回答，答对其中的 2 个题就获得优秀，答对其中的 1 个题就获得及格，某考生会回答 5 个题中的 2 个题，试求：

（1）他获得优秀的情形有多少种？

（2）他获得及格与及格以上的情形有多少种？

9. 两个盒内分别盛着写有 0，1，2，3，4，5 六个数字的六张卡片，若从每盒中各取一张，有多少种取法？所取两数之和等于 6 的情形又有多少种呢？

10. 已知 n 是一个小于 10 的正整数，且由集合 $A = \{x \mid x \in \mathbf{N}^*, x \leqslant n\}$ 中的元素可以排成数字不重复的两位数共 20 个，求 n 的值．

11. 证明下列各式．

（1）$A_n^m + m A_n^{m-1} = A_{n+1}^m$；（2）$\sum_{i=r}^{n} C_i^r = C_{n+1}^{r+1}$；

（3）$A_m^m + A_{m+1}^m + A_{m+2}^m + \cdots + A_{2m}^m = A_{2m+1}^m$（提示：考察排列数与组合数的关系）；

（4）$C_n^{m+1} + C_n^m = C_{n+1}^{m+1}$（提示：利用组合数公式证明）．

12. 用数学归纳法证明二项式定理 $(a+b)^n = \sum_{r=0}^{n} C_n^r a^{n-r} b^r$．

13. 求解下列各题．

（1）在 $(ax^m + bx^n)^{12}$（$a>0$，$b>0$，m，$n \neq 0$）中有 $2m+n=0$，如果它的展开式中系数最大的项恰是常数项，求它是第几项？

（2）求 $\left(2\sqrt{x}+\dfrac{1}{\sqrt{x}}\right)^6$ 的展开式中含 x^2 的项和常数项的值及常数项对应的二项式系数；

（3）已知 $(x^2-1)^n$ 的展开式中，所有的二项式系数之和为 1 024，求展开式中含 x^6 的项；

（4）求 $\left(a^{\frac{1}{3}}b^{-\frac{1}{6}}+a^{-\frac{1}{6}}b^{\frac{1}{4}}\right)^{11}$ 的展开式中 a 和 b 的指数相等的项；

（5）求 $(2+x-x^2)^6$ 的展开式中含 x 的项和含 x^3 的项；

（6）设 i 为虚数单位，求 $(\sqrt{3}-\sqrt{2}\mathrm{i})^7$ 的实部．

14. 设 $(3x-1)^8 = a_8 x^8 + a_7 x^7 + \cdots + a_1 x + a_0$，求

（1）$a_8 + a_7 + \cdots + a_1$；

（2）$a_8 - a_7 + a_6 - a_5 + a_4 - a_3 + a_2 - a_1 + a_0$；

（3）$a_8 + a_6 + a_4 + a_2 + a_0$．

习题 6 部分
参考答案

第七章 行列式

行列式理论产生于十七世纪末,出现在线性方程组的求解中,它最早是一种速记的表达式,现在已经是数学中一种非常有用的工具. 行列式是由莱布尼茨(Leibniz,1646—1716)和日本数学家关孝和分别独立发明的:1693年莱布尼茨给洛必达(L'Hospital,1661—1704)的一系列信中给出了行列式,并使用行列式来确定线性方程组解的个数及形式;同时代的日本数学家关孝和在其著作《解伏题之法》中也提出了行列式的概念和算法. 行列式经过几个世纪的发展已形成了一套完备的理论,并且在许多领域都逐渐显示出其重要的意义和作用. 例如,在微积分中,求解方程组确定的隐函数的导数时,需要通过行列式求解;在微分方程中,为了求方程的通解,需要通过行列式来判断微分方程解的线性关系.

本章主要介绍二阶和三阶行列式的定义及其计算方法.

学习目标:
1. 掌握二阶、三阶行列式的定义.
2. 掌握二阶、三阶行列式的计算方法.
3. 利用行列式求解线性方程组.

7.1 二阶行列式

解方程是代数中的一个基本问题. 在中学代数中, 我们解过一元方程, 二元、三元以及四元一次方程组.

一般地, 我们将一次方程组称为 线性方程组 . 线性方程组的理论在数学中是基本的也是重要的内容.

在中学代数中, 我们学过用消元法求解如下的二元线性方程组

$$\begin{cases} a_{11}x_1 + a_{12}x_2 = b_1, \\ a_{21}x_1 + a_{22}x_2 = b_2. \end{cases} \quad (7.1.1)$$

为消去未知数 x_2, 以 a_{22} 和 a_{12} 分别乘方程组 (7.1.1) 中两个方程的两端, 然后将所得两个方程相减, 得

$$(a_{11}a_{22} - a_{12}a_{21})x_1 = b_1 a_{22} - a_{12} b_2. \quad (7.1.2)$$

类似地, 消去未知数 x_1, 得

$$(a_{11}a_{22} - a_{12}a_{21})x_2 = a_{11}b_2 - b_1 a_{21}. \quad (7.1.3)$$

当 $a_{11}a_{22} - a_{12}a_{21} \neq 0$ 时, 由 (7.1.2) 式和 (7.1.3) 式得线性方程组的唯一解

$$x_1 = \frac{b_1 a_{22} - a_{12} b_2}{a_{11}a_{22} - a_{12}a_{21}}, \quad x_2 = \frac{a_{11}b_2 - b_1 a_{21}}{a_{11}a_{22} - a_{12}a_{21}}. \quad (7.1.4)$$

(7.1.4) 式不容易记住, 但仔细观察会发现 (7.1.4) 式中的分子、分母都是四个数分两对相乘再相减而得, 其中分母 $a_{11}a_{22} - a_{12}a_{21}$ 是由方程组 (7.1.1) 的四个系数确定的. 下面我们把这四个数按它们在方程组 (7.1.1) 中的位置, 排成两行两列 (横排简称行, 竖排简称列) 的数表

$$\begin{matrix} a_{11} & a_{12} \\ a_{21} & a_{22} \end{matrix} \quad (7.1.5)$$

定义 1 称表达式 $a_{11}a_{22} - a_{12}a_{21}$ 为由数表 (7.1.5) 所确定的 二阶行列式 , 记作

$$\begin{vmatrix} a_{11} & a_{12} \\ a_{21} & a_{22} \end{vmatrix} = a_{11}a_{22} - a_{12}a_{21}. \qquad (7.1.6)$$

其中，数 a_{ij} ($i = 1, 2$; $j = 1, 2$) 称为行列式（7.1.6）的<u>元素</u>或<u>元</u>．称<u>元素</u> a_{ij} 的第一个下标 i 为<u>行标</u>，表明该元素位于第 i 行，第二个下标 j 称为<u>列标</u>，表明该元素位于第 j 列．

由定义 1 知二阶行列式 $\begin{vmatrix} a_{11} & a_{12} \\ a_{21} & a_{22} \end{vmatrix}$ 是一个算式，其计算结果是一个数．如图 7.1.1，把实线称为<u>主对角线</u>，虚线称为<u>副对角线</u>，那么二阶行列式的计算结果可以用<u>对角线法则</u>来记忆：主对角线上两元素之积减去副对角线上两元素之积．

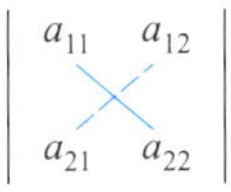

$$\begin{vmatrix} a_{11} & a_{12} \\ a_{21} & a_{22} \end{vmatrix}$$

图 7.1.1

例 1 计算二阶行列式 $\begin{vmatrix} 1 & 2 \\ 2 & 5 \end{vmatrix}$．

解 $\begin{vmatrix} 1 & 2 \\ 2 & 5 \end{vmatrix} = 1 \times 5 - 2 \times 2 = 1.$

有了二阶行列式的定义，(7.1.4) 式中 x_1，x_2 的分子也可以写成二阶行列式，即

$$b_1 a_{22} - a_{12} b_2 = \begin{vmatrix} b_1 & a_{12} \\ b_2 & a_{22} \end{vmatrix}, \quad a_{11} b_2 - b_1 a_{21} = \begin{vmatrix} a_{11} & b_1 \\ a_{21} & b_2 \end{vmatrix}.$$

于是，二元线性方程组（7.1.1）的唯一解（7.1.4）就可以用二阶行列式来表示了．

若记

$$D = \begin{vmatrix} a_{11} & a_{12} \\ a_{21} & a_{22} \end{vmatrix}, \quad D_1 = \begin{vmatrix} b_1 & a_{12} \\ b_2 & a_{22} \end{vmatrix}, \quad D_2 = \begin{vmatrix} a_{11} & b_1 \\ a_{21} & b_2 \end{vmatrix},$$

那么，当 $D \neq 0$ 时，(7.1.4) 式可以写成

$$x_1 = \frac{D_1}{D} = \frac{\begin{vmatrix} b_1 & a_{12} \\ b_2 & a_{22} \end{vmatrix}}{\begin{vmatrix} a_{11} & a_{12} \\ a_{21} & a_{22} \end{vmatrix}}, \quad x_2 = \frac{D_2}{D} = \frac{\begin{vmatrix} a_{11} & b_1 \\ a_{21} & b_2 \end{vmatrix}}{\begin{vmatrix} a_{11} & a_{12} \\ a_{21} & a_{22} \end{vmatrix}}. \quad (7.1.7)$$

（7.1.7）式中的分母 D 是由方程组（7.1.1）的系数所确定的二阶行列式，称其为方程组（7.1.1）的 系数行列式；而 D_1 是用常数列 b_1, b_2 替换 D 中第一列 a_{11}, a_{21} 后所得的二阶行列式，D_2 是用常数列 b_1, b_2 替换 D 中第二列 a_{12}, a_{22} 后所得的二阶行列式．

例 2 解二元线性方程组

$$\begin{cases} x_1 + 2x_2 = 3, \\ 2x_1 + 5x_2 = 2. \end{cases}$$

解 因为所给方程组的系数行列式为

$$D = \begin{vmatrix} 1 & 2 \\ 2 & 5 \end{vmatrix} = 1 \times 5 - 2 \times 2 = 1 \neq 0,$$

所以方程组有唯一解．而

$$D_1 = \begin{vmatrix} 3 & 2 \\ 2 & 5 \end{vmatrix} = 3 \times 5 - 2 \times 2 = 11,$$

$$D_2 = \begin{vmatrix} 1 & 3 \\ 2 & 2 \end{vmatrix} = 1 \times 2 - 3 \times 2 = -4,$$

故

$$x_1 = \frac{D_1}{D} = \frac{11}{1} = 11, \quad x_2 = \frac{D_2}{D} = \frac{-4}{1} = -4.$$

利用二阶行列式不仅可以求解二元线性方程组，还可以判断两个函数的线性相关性．关于函数的线性相关性，我们将在线性代数的学习中详细讲解，在此我们仅作一个简单的介绍．

定义 2 设 $f(x)$，$g(x)$ 为定义在区间 I 上的两个函数，如果存在两个不全为零的常数 k_1，k_2，使得当 $x \in I$ 时，有恒等式

$$k_1 f(x) + k_2 g(x) \equiv 0$$

成立，那么称这两个函数在区间 I 上<u>线性相关</u>，否则称这两个函数<u>线性无关</u>.

例如，函数 $\cos^2 x$ 和 $\sin^2 x - 1$ 在 $(-\infty, +\infty)$ 上是线性相关的. 这是因为存在 $k_1 = 1, k_2 = 1$，使得当 $x \in (-\infty, +\infty)$ 时，恒有 $\cos^2 x + \sin^2 x - 1 = 0$ 成立.

由定义 2 可知，对于两个函数 $f(x), g(x)$，它们线性相关与否，只要看它们的比 $\dfrac{f(x)}{g(x)}$ 是否为常数：如果比为常数，那么这两个函数就线性相关；否则就线性无关. 例如，函数 $\cos x$ 和 $\sin x$ 在 $(-\infty, +\infty)$ 上是线性无关的. 这是因为，对任意的 $x \in (-\infty, +\infty)$，$\dfrac{\sin x}{\cos x} = \tan x \not\equiv$ 常数.

例 3 判断 $f(x) = x$，$g(x) = e^x$ 是否线性相关.

解 因为 $\dfrac{x}{e^x} \not\equiv$ 常数，所以，这两个函数线性无关.

讨论题参考答案

讨论题

1. 如何利用方程组的系数行列式，判断方程组解的存在情况？

2. 如何定义 n 个函数的线性相关性？试说明函数 $1, x, x^2, \cdots, x^n$ 的线性无关性.

7.2 三阶行列式

类似二元线性方程组，我们也可以用三阶行列式来表示<u>三元线性方程组</u>

$$\begin{cases} a_{11}x_1 + a_{12}x_2 + a_{13}x_3 = b_1, \\ a_{21}x_1 + a_{22}x_2 + a_{23}x_3 = b_2, \\ a_{31}x_1 + a_{32}x_2 + a_{33}x_3 = b_3 \end{cases} \quad (7.2.1)$$

的解. 把三元线性方程组中未知数前面的九个系数按它们在方程组

（7.2.1）中的位置，排成如下三行三列的数表.

$$\begin{matrix} a_{11} & a_{12} & a_{13} \\ a_{21} & a_{22} & a_{23} \\ a_{31} & a_{32} & a_{33} \end{matrix} \quad (7.2.2)$$

定义3 称表达式 $a_{11}a_{22}a_{33}+a_{12}a_{23}a_{31}+a_{13}a_{21}a_{32}-a_{13}a_{22}a_{31}-a_{12}a_{21}a_{33}-a_{11}a_{23}a_{32}$ 为由数表（7.2.2）所确定的<u>三阶行列式</u>，记作

$$\begin{vmatrix} a_{11} & a_{12} & a_{13} \\ a_{21} & a_{22} & a_{23} \\ a_{31} & a_{32} & a_{33} \end{vmatrix} = a_{11}a_{22}a_{33}+a_{12}a_{23}a_{31}+a_{13}a_{21}a_{32}- \quad (7.2.3)$$

$$a_{13}a_{22}a_{31}-a_{12}a_{21}a_{33}-a_{11}a_{23}a_{32}.$$

三阶行列式的展开式表明：三阶行列式含有六项，而每一项均为行列式中位于不同行不同列的三个元素的乘积，再赋予正负号，其规律遵循如图 7.2.1 所示的对角线法则：将图中三条实线看作平行于主对角线的连线，三条虚线看作平行于副对角线的连线；并给实线上三元素的乘积赋予正号，虚线上三元素的乘积赋予负号.

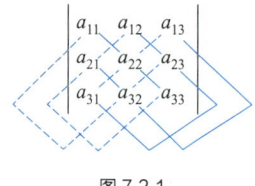

图 7.2.1

例1 计算行列式 $\begin{vmatrix} 2 & 0 & 1 \\ 1 & -4 & -1 \\ -1 & 8 & 3 \end{vmatrix}$.

解 $\begin{vmatrix} 2 & 0 & 1 \\ 1 & -4 & -1 \\ -1 & 8 & 3 \end{vmatrix} = 2\times(-4)\times3+0\times(-1)\times(-1)+$

$1\times1\times8-1\times(-4)\times(-1)-$

$0\times1\times3-2\times(-1)\times8$

$=-24+8-4+16$

$=-4.$

下面我们用三阶行列式来表示三元线性方程组（7.2.1）的解．若记

$$D = \begin{vmatrix} a_{11} & a_{12} & a_{13} \\ a_{21} & a_{22} & a_{23} \\ a_{31} & a_{32} & a_{33} \end{vmatrix}, D_1 = \begin{vmatrix} b_1 & a_{12} & a_{13} \\ b_2 & a_{22} & a_{23} \\ b_3 & a_{32} & a_{33} \end{vmatrix},$$

$$D_2 = \begin{vmatrix} a_{11} & b_1 & a_{13} \\ a_{21} & b_2 & a_{23} \\ a_{31} & b_3 & a_{33} \end{vmatrix}, D_3 = \begin{vmatrix} a_{11} & a_{12} & b_1 \\ a_{21} & a_{22} & b_2 \\ a_{31} & a_{32} & b_3 \end{vmatrix},$$

则当三元线性方程组（7.2.1）的系数行列式 $D \neq 0$ 时，方程组有唯一解

$$x_1 = \frac{D_1}{D}, x_2 = \frac{D_2}{D}, x_3 = \frac{D_3}{D}.$$

其中 D_1 是用常数列 b_1, b_2, b_3 替换 D 中第一列 a_{11}, a_{21}, a_{31} 后所得的三阶行列式，D_2 是用常数列 b_1, b_2, b_3 替换 D 中第二列 a_{12}, a_{22}, a_{32} 后所得的三阶行列式，D_3 是用常数列 b_1, b_2, b_3 替换 D 中第三列 a_{13}, a_{23}, a_{33} 后所得的三阶行列式．

例 2 解三元线性方程组

$$\begin{cases} 3x_1 + x_2 - x_3 = 0, \\ 2x_1 - x_2 + 2x_3 = 2, \\ x_1 + x_2 - x_3 = 1. \end{cases}$$

解 因为所给三元线性方程组的系数行列式为

$$D = \begin{vmatrix} 3 & 1 & -1 \\ 2 & -1 & 2 \\ 1 & 1 & -1 \end{vmatrix} = 3 + 2 + (-2) - 1 - (-2) - 6 = -2 \neq 0,$$

所以原方程组有唯一解．而

$$D_1 = \begin{vmatrix} 0 & 1 & -1 \\ 2 & -1 & 2 \\ 1 & 1 & -1 \end{vmatrix} = 1, D_2 = \begin{vmatrix} 3 & 0 & -1 \\ 2 & 2 & 2 \\ 1 & 1 & -1 \end{vmatrix} = -12, D_3 = \begin{vmatrix} 3 & 1 & 0 \\ 2 & -1 & 2 \\ 1 & 1 & 1 \end{vmatrix} = -9,$$

则原方程组的唯一解为

$$x_1 = \frac{D_1}{D} = -\frac{1}{2}, x_2 = \frac{D_2}{D} = 6, x_3 = \frac{D_3}{D} = \frac{9}{2}.$$

例 3 蜘蛛有 8 只脚，蜻蜓有 6 只脚和 2 对翅膀，蝉有 6 只脚和 1 对翅膀．现有这三种小虫共 18 只，共有脚 118 只，翅膀 20 对．试求每种小虫的只数．

解 设蜘蛛、蜻蜓和蝉分别有 x_1，x_2 和 x_3 只，依题意，可列出如下线性方程组：

$$\begin{cases} x_1 + x_2 + x_3 = 18, \\ 8x_1 + 6x_2 + 6x_3 = 118, \\ 2x_2 + x_3 = 20. \end{cases}$$

因为 $D = \begin{vmatrix} 1 & 1 & 1 \\ 8 & 6 & 6 \\ 0 & 2 & 1 \end{vmatrix} = 6 + 0 + 16 - 0 - 12 - 8 = 2 \neq 0,$

$D_1 = \begin{vmatrix} 18 & 1 & 1 \\ 118 & 6 & 6 \\ 20 & 2 & 1 \end{vmatrix} = 10,\ D_2 = \begin{vmatrix} 1 & 18 & 1 \\ 8 & 118 & 6 \\ 0 & 20 & 1 \end{vmatrix} = 14,\ D_3 = \begin{vmatrix} 1 & 1 & 18 \\ 8 & 6 & 118 \\ 0 & 2 & 20 \end{vmatrix} = 12,$

则有 $x_1 = 5$，$x_2 = 7$，$x_3 = 6$．故蜘蛛、蜻蜓和蝉分别有 5 只，7 只和 6 只．

讨论题

仔细分析二、三阶行列式展开式的特点，例如，包括多少项，各项如何构成，正负号如何确定等．试利用这些特点来描述一下 n 阶行列式的定义．

讨论题参考答案

习题 7

1. 选择题．

（1）$\begin{vmatrix} a+1 & 1 \\ a^3 & a^2-a+1 \end{vmatrix} = (\quad)$．

　　A. 1　　　　　　　　　　B. -1

　　C. 0　　　　　　　　　　D. $2a^3$

（2）若行列式 $\begin{vmatrix} 1 & 2 & 5 \\ 1 & 3 & -2 \\ 2 & 5 & x \end{vmatrix} = 0$，则 $x = ($ 　　$)$．

A. -3 　　　　　　　　　　B. -2

C. 2 　　　　　　　　　　　D. 3

（3）$\begin{vmatrix} 0 & 1 & 0 \\ 1 & 1+a & 1 \\ 1 & 1 & 1-a \end{vmatrix} = ($ 　　$)$．

A. $1+a$ 　　　　　　　　　B. a

C. $1-a$ 　　　　　　　　　D. $(1+a)(1-a)$

（4）下列四个算式中与行列式 $\begin{vmatrix} a_1 & b_1 & c_1 \\ a_2 & b_2 & c_2 \\ a_3 & b_3 & c_3 \end{vmatrix}$ 的运算结果不相同的算式为（　　）.

A. $a_1 \cdot \begin{vmatrix} b_2 & b_3 \\ c_2 & c_3 \end{vmatrix} - a_2 \cdot \begin{vmatrix} b_1 & b_3 \\ c_1 & c_3 \end{vmatrix} + a_3 \cdot \begin{vmatrix} b_1 & b_2 \\ c_1 & c_2 \end{vmatrix}$

B. $a_1 \cdot \begin{vmatrix} b_2 & b_3 \\ c_2 & c_3 \end{vmatrix} - b_1 \cdot \begin{vmatrix} a_2 & a_3 \\ c_2 & c_3 \end{vmatrix} + c_1 \cdot \begin{vmatrix} a_2 & a_3 \\ b_2 & b_3 \end{vmatrix}$

C. $a_1 b_2 c_3 + a_2 b_3 c_1 + a_3 b_1 c_2 - a_1 b_3 c_2 - a_2 b_1 c_3 - a_3 b_2 c_1$

D. $\begin{vmatrix} c_1 & c_2 & c_3 \\ b_1 & b_2 & b_3 \\ a_1 & a_2 & a_3 \end{vmatrix}$

（5）若 $f(x) = \begin{vmatrix} 3 & -1 & x \\ x & 2 & 5 \\ 1 & 4 & x \end{vmatrix}$，则 $f(x)$ 是（　　）次多项式，其一次项的系数是（　　）.

A. $3,6$ 　　　　　　　　　　B. $2,4$

C. $2,8$ 　　　　　　　　　　D. $3,4$

2. 填空题.

（1）$\begin{vmatrix} -2 & 3 \\ 1 & 5 \end{vmatrix} = $ _____ .　　　　（2）$\begin{vmatrix} \cos\alpha & -\sin\alpha \\ \sin\alpha & \cos\alpha \end{vmatrix} = $ _____ .

（3）$\begin{vmatrix} 1 & 1 & x \\ c & c & c \\ 2 & x & 2 \end{vmatrix} = $ _____ .

（4）函数 e^t 和 e^{2t} 在区间 **R** 上是线性 _____ 的（相关或无关）.

（5）$\begin{vmatrix} 4 & 6 \\ 8 & 10 \end{vmatrix} + \begin{vmatrix} 12 & 14 \\ 16 & 18 \end{vmatrix} + \cdots + \begin{vmatrix} 2\,012 & 2\,014 \\ 2\,016 & 2\,018 \end{vmatrix} = $ _____ .

（6）$\begin{vmatrix} 2 & 0 & 1 \\ 1 & -4 & -1 \\ -1 & 8 & 3 \end{vmatrix} = $ _____ .

（7）观察下面的 n 行 n 列数表：

$$\begin{matrix} 1 & 2 & 3 & \cdots & n-2 & n-1 & n \\ 2 & 3 & 4 & \cdots & n-1 & n & 1 \\ 3 & 4 & 5 & \cdots & n & 1 & 2 \\ \vdots & \vdots & \vdots & & \vdots & \vdots & \vdots \\ n & 1 & 2 & \cdots & n-3 & n-2 & n-1 \end{matrix}$$

记位于第 i 行第 j 列的数为 a_{ij}（$i,j=1,2,\cdots,n$）. 当 $n=8$ 时，$a_{11}+a_{22}+a_{33}+\cdots+a_{nn}=$ _____；当 $n=1\,999$ 时，$a_{11}+a_{22}+a_{33}+\cdots+a_{nn}=$ _____ .

3. 计算下列行列式.

（1）$\begin{vmatrix} 2 & 0 & 1 \\ 1 & -4 & -1 \\ -1 & 8 & 3 \end{vmatrix}$.

（2）$\begin{vmatrix} 1 & -1 & 3 \\ 2 & -1 & 1 \\ 1 & 2 & 0 \end{vmatrix}$.

（3）$\begin{vmatrix} 0 & -a & b \\ a & 0 & -c \\ -b & c & 0 \end{vmatrix}$.

（4）$\begin{vmatrix} 1 & x & x^2 \\ 1 & y & y^2 \\ 1 & z & z^2 \end{vmatrix}$.

（5）$\begin{vmatrix} x & y & x+y \\ y & x+y & x \\ x+y & x & y \end{vmatrix}$.

（6）$\begin{vmatrix} 1 & 1 & 1 \\ a & b & c \\ a^2 & b^2 & c^2 \end{vmatrix}$.

4. 化简下列行列式.

（1）$\begin{vmatrix} \sin\alpha & -\sin\beta \\ \cos\alpha & \cos\beta \end{vmatrix}$；

（2）$\begin{vmatrix} \cos\beta & \sin\alpha \\ \sin\beta & \cos\alpha \end{vmatrix}$；

（3）$\begin{vmatrix} \sin\alpha & \sin\beta \\ \cos\alpha & \cos\beta \end{vmatrix}$；

（4）$\begin{vmatrix} \cos\alpha & -\sin\alpha \\ \sin\beta & \cos\beta \end{vmatrix}$.

5. 求解满足 $\begin{vmatrix} i & -1 \\ z & z \end{vmatrix} = 2$ 的复数 z 的三角式.

6. 若 $D_1 = \begin{vmatrix} 4 & 0 & 0 \\ 1 & 1 & a \\ 2 & 1 & b \end{vmatrix}$,$D_2 = \begin{vmatrix} 3 & 0 & 1 \\ 1 & 1 & 0 \\ -1 & 2 & 1 \end{vmatrix}$,$D_1 + D_2 = 10$,写出 a 与 b 的关系式.

7. 求函数 $y = \ln \begin{vmatrix} x & 1 & x+1 \\ 1 & x+1 & x \\ x+1 & x & 1 \end{vmatrix}$ 的定义域.

8. 求解下列方程:

(1) $\begin{vmatrix} 1 & 1 & 1 \\ 1 & 2 & x \\ 1 & x & 6 \end{vmatrix} = 1$;

(2) $\begin{vmatrix} x & x & 2 \\ 0 & -1 & 1 \\ 1 & 2 & x \end{vmatrix} = 0$;

(3) $\begin{vmatrix} x-1 & 3 \\ 0 & x-1 \end{vmatrix} = \begin{vmatrix} 1 & x \\ x & 7 \end{vmatrix} - \begin{vmatrix} 3 & -6 \\ 1 & -4 \end{vmatrix}$.

9. 求解下列方程组:

(1) $\begin{cases} 5x_1 - 3x_2 = 12, \\ 2x_1 + x_2 = 1; \end{cases}$

(2) $\begin{cases} x_1 + ax_2 = a^2, \\ x_1 + bx_2 = b^2 \end{cases} (a \neq b);$

(3) $\begin{cases} 2x_1 - x_2 + 3x_3 = 5, \\ 3x_1 + x_2 - 5x_3 = 5, \\ 4x_1 - x_2 + x_3 = 9; \end{cases}$

(4) $\begin{cases} x_1 - x_2 = 2, \\ 3x_1 - 3x_3 = 4, \\ -2x_2 + x_3 = 5. \end{cases}$

10. 求解下列各题.

(1) 某站有甲、乙两辆汽车,若甲车先出发 1 h 后乙车出发,则乙车出发后 5 h 追上甲车;若甲车先开出 30 km 后乙车出发,则乙车出发 4 h 后所走的路程比甲车所走路程多 10 km. 求两车的速度.

(2) 某农场 300 名职工耕种 51 hm² 土地,计划种植水稻、棉花和蔬菜,已知种植单位农作物所需的劳动力和投入的设备资金如下表:

农作物品种	所需的劳动力/(人/hm²)	投入的设备资金/(万元/hm²)
水稻	4	1
棉花	8	1
蔬菜	5	2

已知农场计划在设备上投入 67 万元,应该怎样安排这三种农作物的种植面积,才能使所有职工都有工作,而且投入的设备资金正好够用?

| 第八章 | 高等数学思想及方法 |

  微积分学的创立极大地推动了数学的发展,同时也极大地推动了天文学、力学、物理学、化学、生物学、工程学、经济学等自然科学、社会科学及应用科学各个分支的发展,而且在这些学科中有着越来越广泛的应用. 过去许多初等数学束手无策的问题,运用微积分往往迎刃而解,显示出了微积分学的非凡威力.

  高等数学中蕴藏着大量重要的思想与方法. 在这一章,我们将通过几个具有代表性的经典引例来分别介绍有限与无限的思想、极限的思想、导数与积分的思想、函数逼近的思想,初步领略初等数学和高等数学在解决现实问题时思想与方法上的差异,同时还探讨基本初等函数之间的关系,并简单介绍如何学习高等数学.

学习目标:

1. 理解有限与无限的思想、极限的思想、导数与积分的思想、函数逼近的思想.
2. 能利用导数的思想求解一类变化率的问题. 例如,曲线上一点处切线的斜率、变速直线运动的瞬时速度与加速度等.
3. 能利用积分的思想求解一类总量的问题. 例如,平面图形的面积、空间立体体积等.
4. 掌握基本初等函数的多项式逼近,并能阐述基本初等函数之间的关系.
5. 掌握大学数学学习的思维和模式,尽早转变数学学习方法.

微积分学是微分学和积分学的总称．从微积分学成为一门学科来说，微积分学的建立是在十七世纪．由于天文学、航海以及力学等的发展，到了十七世纪，有许多科学问题需要解决，这些问题也就成了促使微积分产生的因素．归纳起来，大约主要有四种类型：

第一类是求解变速直线运动物体的瞬时速度和加速度问题；

第二类是求解光滑曲线的切线和法线问题；

第三类是求解函数的最大值和最小值问题；

第四类是求解曲线的长度、平面图形的面积、空间物体的体积、物体的质心、天体间的引力问题．

十七世纪的许多著名数学家、天文学家、物理学家为解决上述几类问题做了大量的研究工作；十七世纪下半叶，在前人工作的基础上，英国科学家牛顿和德国数学家莱布尼茨分别独自研究和完成了微积分的创立工作，虽然这只是十分初步的工作．他们最大的贡献是把两个貌似毫不相关的问题联系在一起，一个是切线问题（微分学的中心问题），一个是求积问题（积分学的中心问题）．牛顿和莱布尼茨建立微积分的出发点是直观的无穷小量，因此这门学科早期也称为无穷小分析，这正是现代数学中分析学这一大分支名称的来源．

符号介绍：

$x \to 0$ 表示变量 x 沿着数轴无限地接近原点 O，也可说 x 为无穷小或无限减小．

$\lim\limits_{x \to 0} f(x) = A$ 表示当 x 无限减小时，函数 $f(x)$ 与确定的常数 A 无限接近，也称常数 A 为函数 $f(x)$ 在 $x \to 0$ 时的极限．

$n \to \infty$ 表示自然数变量 n 无限增大，也可说 n 为无穷大．

$\lim\limits_{n \to \infty} x_n = a$ 表示当 n 无限增大时，数列 x_n 与确定的常数 a 无限接近，也称常数 a 为数列 x_n 在 $n \to \infty$ 时的极限．

$\max\limits_{1 \leqslant i \leqslant n}\{x_i\}$ 表示取 x_1，x_2，…，x_n 中的最大值．

连加号：$\sum\limits_{i=1}^{n} S_i = S_1 + S_2 + \cdots + S_n$，$\sum\limits_{i=1}^{\infty} S_i = S_1 + S_2 + \cdots + S_n + \cdots$．

8.1 简单认识高等数学

小学数学的算术和代数内容，来源于"计数"的需要；中学数学的几何内容来源于对平面或立体图形"计量"的需要．因此，"数"和"形"就成为中学阶段学习数学的两个基本对象．正是通过对这两个基本对象的探讨，形成了早期数学的理论，产生了早期数学的方法．从数学的发展史来看，十七世纪以前的数学称为初等数学，而十七世纪及以后的数学称为高等数学．

对初等数学，我们已经有了初步的认识，但现实世界中的许多问题是无法用初等数学解决的，因此，需要用更先进的数学思想、方法和工具来解决．高等数学就为我们提供了解决实际问题或解决那些初等数学无法解决的问题的思想和方法．

下面我们通过几个具有代表性的经典问题来初步领略初等数学和高等数学在解决实际问题时思想和方法上的差异．

8.1.1 有限与无限的思想

无穷进入数学，这是高等数学的重要特征，是数学高度理论化、抽象化的反映．

引例 1 希尔伯特（Hilbert）旅馆问题

希尔伯特旅馆有一个讨人喜欢的特性，即它有无穷多个房间．有一天，来了一个新房客，他很失望地了解到，尽管旅馆的房间是无穷多的，但是房间都有人住着．旅馆的接待员却向这个新来的客人保证他会找到一个空房间给他住．

他请每一位原住客都搬到隔壁的房间去住．结果 1 号房间的客人搬到 2 号房间，2 号房间的客人搬到 3 号房间．依此类推，原来住在旅馆中的每一位客人仍然有一个房间，而那个新房客则可以住进空出来的 1 号房间．

第二天晚上，接待人员必须对付的则是一个更大的问题：旅馆仍然是客满的，而这时无穷多辆马车载着它们的主人来到了希尔伯特旅馆．接待人员依然十分镇定，搓着他的双手，心里想着旅馆又将有无穷多的进账了．

他请每一位原住客搬到房号为他们现在住着的房间号两倍的房间中去．结果 1 号房间的客人搬到了 2 号房间，2 号房间的客人搬到了 4 号房间．依此类推，不但原来住在旅馆中的每一位客人仍然拥有一个房间，还将奇数号的无穷多个房间都空出来了，刚好让新来的客人居住．

引例 1 听起来似乎有些奇妙，在现实中也是不可能发生的．但在数学上我们确实是可以利用一一映射的思想给予证明的．

为了说清楚这个问题，我们先给出如下定义．

定义 1 如果两个集合之间能建立一一映射的对应关系，那么称这两个集合对等，或者说这两个集合所含的元素个数是一样的．

定义 2 若一个集合与自身的某些真子集所含元素个数是一样的，则称这个集合为无限集．

例 1 证明整数集、自然数集、奇数集和偶数集中的数字个数是一样的．

解 设 $f(n)=2n$，$n\in \mathbf{Z}$，则整数集与偶数集中的数字个数是一样的；

设 $f(n)=2n-1$，$n\in \mathbf{Z}$，则整数集与奇数集中的数字个数是一样的．

若 0 与 0 对应，正奇数与正整数对应（比如，1 与 1 对应、3 与 2 对应，⋯），正偶数与负整数对应（比如，2 与 -1 对应、4 与 -2 对应，⋯），则自然数集与整数集中的数字个数是一样的．

由一一映射关系的传递性知，整数集、自然数集、奇数集和偶数集中的数字个数是一样的．

定义 3 能和自然数集对等的无限集都称为可数无限集．

由例 1 知，整数集、自然数集、奇数集和偶数集均为可数无限集．如此看来，从数学上讲，引例 1 说的是可数无限集之间的元素个数是一样的（数学上常说其个数具有无限多或可数无限大），所以无论来多少人，只要是可数的，接待人员都能把他们安排住进旅馆．但这在现实中是不可能发生的，原因是现实中不可能有无限多个房间．

引例 2　阿基里斯（Achilles）与乌龟悖论的故事

阿基里斯是古希腊神话中善跑的英雄．在阿基里斯和乌龟的竞赛中，规定追者必须到达被追者的出发点，芝诺（Zeno）认为阿基里斯永远追不上步履迟钝的乌龟．芝诺假设阿基里斯的速度为乌龟速度的 2 倍，且乌龟的起跑点在阿基里斯前面 1 个长度单位．比赛开始，阿基里斯飞奔追赶乌龟．常识告诉我们，在很短时间内阿基里斯就能赶上并超过乌龟！但芝诺却认为阿基里斯永远追不上乌龟，这明显是一个悖论．下面我们对该悖论给出解释．

如图 8.1.1 所示，假设比赛开始时，乌龟在阿基里斯前面 1 个长度单位 A 处，二者同时出发．当阿基里斯追到 A 处到达乌龟的起点时，乌龟已经向前爬了 $\frac{1}{2}$ 个长度单位到达了 B 处，因而领先 $\frac{1}{2}$ 个长度单位；阿基里斯必须再从 A 处赶往 B 处，这个时间段内，乌龟又向前爬了 $\frac{1}{4}$ 个长度单位到达了 C 处，因而又领先 $\frac{1}{4}$ 个长度单位；于是，阿基里斯再从 B 处赶往新的起点 C 处，在这个时间段内，乌龟又向前爬了 $\frac{1}{8}$ 个长度单位到达了 D 处……如此类推一直不停歇，乌龟会制造出无限个起点永远领先，它总能与阿基里斯有一段距离，尽管这个距离愈来愈小（数学上称其为无穷小），但只要乌龟不停地奋力向前爬，阿基里斯就永远也追不上乌龟．

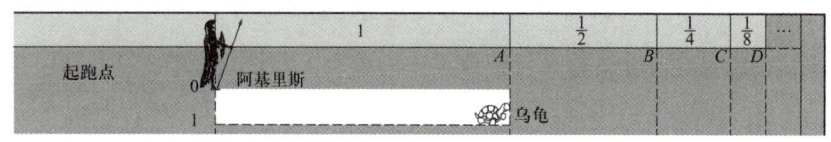

图 8.1.1　阿基里斯追乌龟

在阿基里斯与乌龟赛跑过程的每一个阶段中，乌龟领先阿基里斯的长度分别为

$$1, \frac{1}{2}, \frac{1}{2^2}, \cdots, \frac{1}{2^n}, \cdots. \qquad (8.1.1)$$

上式是一个无穷递缩等比数列．现实生活中，我们是无法将上

式中的项全部写出来的，所以我们根本不可能把它所有的无限多项加在一起．但在数学上，我们对数列（8.1.1）做如下的无限和

$$1+\frac{1}{2}+\frac{1}{2^2}+\cdots+\frac{1}{2^n}+\cdots,$$

并称形如上式这样的无限和为 无穷级数，简称 级数．该级数的无限和结果是一个未知值，不妨假设为 S，即

$$S=1+\frac{1}{2}+\frac{1}{2^2}+\cdots+\frac{1}{2^n}+\cdots. \qquad (8.1.2)$$

读者不难发现，该级数中每一个后继项都是前一项的二分之一，所以将级数（8.1.2）乘以 2，得到一个新级数

$$2S=2+1+\frac{1}{2}+\frac{1}{2^2}+\cdots+\frac{1}{2^n}+\cdots. \qquad (8.1.3)$$

显然，新级数除了第一项之外，其余各项均和级数（8.1.2）相同．那么（8.1.3）式减去（8.1.2）式，得到 $2S-S=2$，这是一个有限的方程式，我们可以解得

$$S=2.$$

上式表明：当阿基里斯奔跑了恰好 2 个长度单位之后，他就会与乌龟并驾齐驱了．

显然，悖论本身的逻辑并没有错．它之所以与实际相差甚远，是因为上面说到的无限多个步骤是难以完成，即人们不能在一段有限时间内经历无穷多个阶段．因此，仅从人类逻辑思维和初等数学出发，我们是难以对该悖论给出令人信服的解释的．事实上，对该引例精准的理论探究，要用到高等数学中的极限方法以及无穷级数理论才可以合理地说明：

$$1+\sum_{n=1}^{\infty}\frac{1}{2^n}=1+\frac{1}{2}+\frac{1}{2^2}+\cdots+\frac{1}{2^n}+\cdots \text{（将无限和看成有限项的和在项数无限增大时的极限）}$$

$$=\lim_{n\to\infty}\left(1+\frac{1}{2}+\frac{1}{2^2}+\cdots+\frac{1}{2^n}\right) \text{（有限项的等比数列可求和）}$$

$$= \lim_{n\to\infty}\left(2-\frac{1}{2^n}\right) = 2 \quad \left(\text{数列}\left\{2-\frac{1}{2^n}\right\}\text{求极限}\right).$$

上式表明：无限和的求解可以通过有限和在项数无限增大时的极限来求解．它是初等数学中有限个数（或函数）相加概念的推广和发展，因此无穷级数与极限理论紧密相关．

8.1.2 极限的思想

极限的思想与方法是高等数学特有的核心思想与方法．直观描述极限：它就是某个变化状态能够无限接近但未必达到的一个尽头，或者说就是一个极致界限．

引例 3 截棰问题

"一尺之棰，日截其半，万世不竭．"

利用数学的语言直观描述截棰问题．

一根长为一尺的木棒（记长度为 1），第一天截下的棰长为 $a_1 = \frac{1}{2}$，第二天截下的棰长为 $a_2 = \frac{1}{2^2}$ ……第 n 天截下的棰长为 $a_n = \frac{1}{2^n}$ ……如果把每天截下部分的木棒长度列出来，便得到一列有次序的数

$$\frac{1}{2}, \frac{1}{2^2}, \cdots, \frac{1}{2^n}, \cdots \text{或} \left\{\frac{1}{2^n}\right\}(n \in \mathbf{N}_+). \tag{8.1.4}$$

显然，上式中的 n 可以无穷无尽地取．如果 n 确定，总有一个确定的数 $\frac{1}{2^n}$ 与之对应．随着 n 的无限增大，这个截下的棰长越来越小，无限地接近于常数 0，但它永远是一个确定的正数，是达不到 0 的．

在数学上，当 n 无限增大（记为 $n \to \infty$）时，数列 $\{a_n\}$ 的通项 a_n 无限地接近于常数 a，则称这个常数 a 为数列 $\{a_n\}$ 在 $n \to \infty$ 时的极限．例如，0 就是截棰问题产生的数列（8.1.4）在 $n \to \infty$ 时的极限．

例 2 说明数列 $x_n = \left(1+\frac{1}{n}\right)^n$ 的极限存在．

解 我们分别取 $n = 1, 10, 10^2, 10^3, 10^4, 10^5, 10^6, 10^7, 10^8, \cdots$，并用

计算器计算 $\left(1+\dfrac{1}{n}\right)^n$ 的值，结果如表 8.1.1 所示.

表 8.1.1

n	1	10	10^2	10^3	10^4	10^5	10^6	10^7	10^8	⋯
$\left(1+\dfrac{1}{n}\right)^n$	2	2.593 742 46	2.704 813 83	2.716 923 93	2.718 145 93	2.718 268 24	2.718 280 47	2.718 281 69	2.718 281 81	⋯

由表 8.1.1 可知当 n 充分大以后，$\left(1+\dfrac{1}{n}\right)^n$ 无限接近一个确定的数，则该数列的极限存在，其极限值为 2.718 281 828 459 045⋯，并用字母 e（数 e 是一个重要的无理数，它就是自然对数的底）来表示. 通常取 e 的近似值为 2.718 28，即

$$\lim_{n\to\infty}\left(1+\dfrac{1}{n}\right)^n = e.$$

上述认识截棰问题的思维就是极限思维，而其描述的不竭结果，正是古人对极限问题的一个比较深刻的认知. 可见，我国人民很早就有了无穷的思想. 尽管没有形成系统理论，但是利用极限的思想和方法去思考问题和分析解决问题，我国古代也早已有之. 比如，我国魏晋时期数学家刘徽为了计算圆的面积（或周长），采用"无限逼近"的思想，建立的"割圆术"就是最早的极限应用之一.

引例 4 刘徽的割圆术

刘徽在他的割圆术中提到"割之弥细，所失弥少，割之又割，以至于不可割，则与圆周合体而无所失矣"，就是利用圆内接正多边形的面积（或周长）去近似代替圆的面积（或周长），从而推算出圆的面积（或周长）的方法.

下面利用数学的语言描述刘徽的割圆术.

刘徽从圆的内接正六边形出发，依次得到了圆的内接正六边形，正十二边形，正二十四边形⋯⋯记内接正 $6\times 2^{n-1}$ 边形的面积为 A_n. 这样就得到一列有次序的数

$$A_1, A_2, \cdots, A_n, \cdots \text{ 或 } \{A_n\}(n\in\mathbf{N}_+).$$

如图 8.1.2 所示，当 n 无限增大时，圆的内接正 $6\times 2^{n-1}$ 边形与圆越来越接近，从而其面积 A_n 与圆的面积（某一确定的数值）越来越接近，并称此确定的数值为数列 $\{A_n\}$ 在 $n\to\infty$ 时的极限.

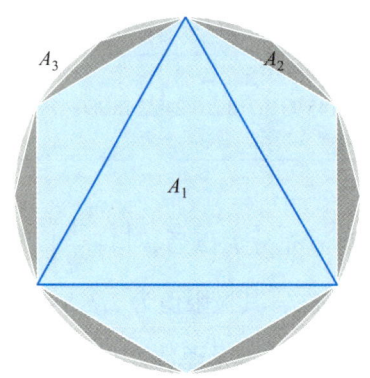

图 8.1.2　刘徽的割圆术

事实上，刘徽结合"以直代曲"的观点，利用圆的内接正 3 072 边形的面积去近似圆的面积，得到了圆周率 π 的近似值为 3.141 6，这是一个了不起的结果. 这种在解决实际问题中逐渐形成的极限方法，已成为高等数学中的一种基本方法.

通过庄周的"一尺之棰，日取其半，万世不竭"以及刘徽建立的"割圆术"我们可以深刻地体会到：有时我们要确定某一个量，首先确定的不是这个量的本身而是它的近似值，而且所确定的近似值也不仅仅是一个而是一连串的近似值；然后通过考察这一连串近似值的趋向，把要确定的量的准确值确定下来. 这就是用极限来解决实际问题的思想与方法.

所谓极限思想，就是通过分析"函数在其自变量的某一变化状态下，相应函数值可以无限接近某一极限状态"来理解想要了解的那个极限状态的一种思想；所谓极限方法，就是利用极限思想而产生的解决问题的方法. 由此看来，极限思想把需要了解的一种状态，与它附近的各种状态及其变化过程有机地联系在一起，它是一种用变化和联系的观点看待并分析解决问题的思想，所以说它深化了用静止和孤立的观点看待和分析问题的初等数学思想，这是高等数学看待和分析问题方面与初等数学的区别.

极限思想是微积分的基本思想,贯穿高等数学始终,如函数的连续性、导数、定积分以及级数等都是借助极限来定义的. 如果要问"高等数学是一门什么学科",那么可以概括地说"高等数学就是用极限思想来研究函数的一门学科".

例如,阿基里斯与乌龟赛跑过程虽然包含无限多个阶段,它们构成的无限和 $1+\sum_{n=1}^{\infty}\frac{1}{2^n}$ 是需考察的未知量,但发现有限项的和 $1+\frac{1}{2}+\frac{1}{2^2}+\cdots+\frac{1}{2^n}$ 就是与无限和有关的一个变量,这个变量可通过它的项数无限的结果,即利用极限 $\lim_{n\to\infty}\left(1+\frac{1}{2}+\frac{1}{2^2}+\cdots+\frac{1}{2^n}\right)$ 计算得到无限和为有限数 2 的结论.

8.1.3 导数与积分的思想

下面利用极限思想去求曲线切线的斜率、变速直线运动物体的瞬时速度、平面图形的面积、空间立体的体积、变速运动的质点在某一时段所经过的路程等经典问题. 正是对这类问题的研究和讨论,形成了高等数学的核心内容:导数、微分与积分.

微视频 2
简单认识高等数学

引例 5 平面曲线的切线问题

初等数学将曲线的切线定义为"与曲线只有一个交点的直线". 这种定义有很大的局限性,是孤立静止的观点,仅适用于圆锥曲线等少数几种曲线;而对于一般的平面曲线而言,这种定义不能揭示曲线在某一点的切线的真正含义. 例如,对如图 8.1.3 所示的曲线 $y=f(x)$,它和直线 l 虽然只有一个交点,但是 l 显然不是曲线的切线.

那么在高等数学中,是如何来定义一般曲线的切线呢?

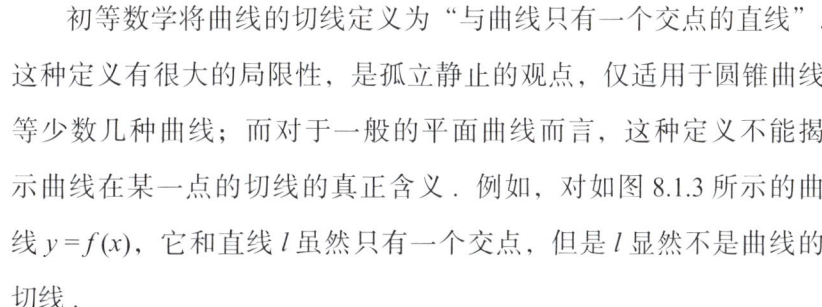

图 8.1.3

定义 4 设点 M_0 是曲线 L 上的一定点,在曲线 L 上任取一动点 M,当动点 M 沿曲线 L 无限逼近于定点 M_0 时,如果割线 M_0M 的极限位置 M_0T 存在,则称直线 M_0T 为曲线 L 在点 M_0 处的切线,如图 8.1.4 所示.

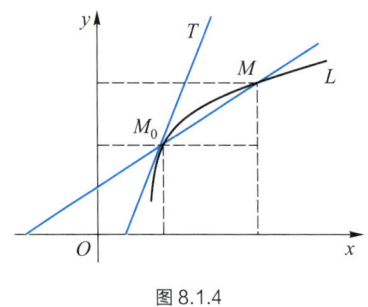

图 8.1.4

显然,在高等数学中,把曲线的切线看作是运动与变化着的割线的极限位置.

问题 如何求切线 M_0T 的斜率呢?

设曲线 L 的方程为 $y=f(x)$,曲线 L 上定点 M_0 的坐标为 (x_0, y_0),动点 M 的坐标为 $(x_0+\Delta x, y_0+\Delta y)$,其中的 $\Delta x(\Delta x \neq 0)$ 为自变量 x 在 x_0 处的改变量,函数 y 在 y_0 处的相应改变量为

$$\Delta y = f(x_0+\Delta x) - f(x_0),$$

如图 8.1.5 所示.

若割线 M_0M 与 x 轴的夹角为 φ,那么 M_0M 的斜率为

$$k_{M_0M} = \tan\varphi = \frac{\Delta y}{\Delta x} = \frac{f(x_0+\Delta x) - f(x_0)}{\Delta x}.$$

在三角形 M_0MM_1 中,自变量的改变量 Δx 发生改变时,$\dfrac{\Delta y}{\Delta x}$ 也随之发生改变,即割线 M_0M 的斜率是一个变量,而我们要求解的切线 M_0T 的斜率却是一个常量.那么如何解决这里常量与变量的矛盾?

仔细观察图 8.1.6,读者会发现:当动点 M 沿曲线 L 无限逼近定点 M_0 时,自变量的改变量 Δx 是越来越小、越来越小,即 Δx 是无穷小,记为 $\Delta x \to 0$. 如果割线 M_0M 的极限位置存在,就是曲线在点 M_0 处的切线 M_0T.

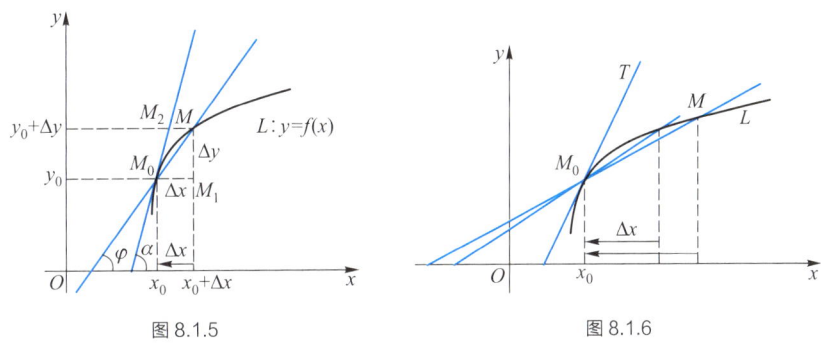

图 8.1.5　　　　　　　图 8.1.6

综上所述，如果要求解切线 M_0T 的斜率，可以先求解割线 M_0M 的斜率，然后利用极限的思想，在 $\Delta x \to 0$ 时，对割线的斜率取极限，如果该极限存在，我们就称这个极限值为曲线在点 M_0 处切线的斜率．

设切线 M_0T 与 x 轴夹角为 α（如图 8.1.5），则有

$$k_{M_0T} = \tan\alpha = \lim_{\Delta x \to 0} \frac{\Delta y}{\Delta x} = \lim_{\Delta x \to 0} \frac{f(x_0 + \Delta x) - f(x_0)}{\Delta x},$$

即切线的斜率为函数的改变量 Δy 与自变量的改变量 Δx 之商在 $\Delta x \to 0$ 时的极限．

课后拓展训练：读者还可以用与引例 5 同样的思想与方法，去讨论做变速直线运动物体的瞬时速度和加速度（参见阅读材料 3）．

抛开引例 5 的实际意义，只归纳求解曲线上一点处切线的斜率所使用的方法——无限逼近取极限的方法，即通过研究变量（割线斜率）的极限，从而求得所需的常量（切线斜率），这是初等数学不能做到的．

引例 5 用运动的观点，不仅能解决平面曲线上一点处的切线的斜率和变速直线运动物体的瞬时速度某变化率问题，而且还可抓住事物的本质特征（也就是斜率和瞬时速度某变化率的数学结构：当自变量的改变量无限逼近于零时函数的改变量与其自变量的改变量比值的极限），由此引出新概念——导数．导数概念的产生使数学发生了革命性的变化，它对数学的发展有着极其巨大的贡献．

引例 6　曲顶柱体的体积

假设图 8.1.7 中长方体（因其顶面是平面，所以称长方体为平顶柱体）的底面面积为 σ，高为常数 c，则它的体积为

$$V = \sigma c.$$

阅读材料 3
变速直线运动物体的
瞬时速度和加速度

当长方体的顶面不再是平面，而是一张曲面，即高不为常数，如图 8.1.8 所示，此时这个空间立体（称为曲顶柱体）的体积 V 又该如何求解呢？

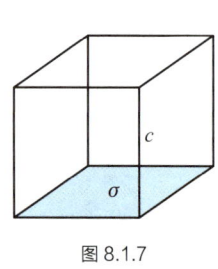
图 8.1.7

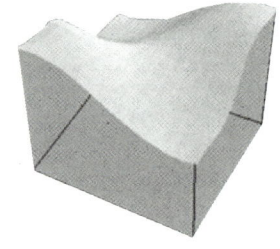
图 8.1.8

解决方案：将曲顶柱体任意分割为 n 个小曲顶柱体 V_i ($i = 1$, 2, $\cdots$, n)（将第 i 个小曲顶柱体的体积仍记为 V_i），则这 n 个小曲顶柱体的体积之和就为所求曲顶柱体的体积，即 $V = \sum_{i=1}^{r} V_i$ ——化整为零或大化小，如图 8.1.9 所示．

定义 5　在上述分割过程中，若记第 i ($i = 1$, 2, $\cdots$, n) 个小曲顶柱体 V_i 的底面 σ_i 上任意两点间的距离的最大值为 d_i，且 $d = \max\limits_{1 \leqslant i \leqslant n} \{d_i\}$．则称 d 为图 8.1.9 中小曲顶柱体底面的直径．当底面直径 $d \to 0$ 时，我们就说此时的分割足够细密．

显然，在上述分割过程，当分割足够细密时，所给曲顶柱体被分割成了无限多个小曲顶柱体．而其中的每一个小曲顶柱体的体积 V_i 则可以用同底的平顶柱体的体积近似表示，如图 8.1.10 所示．第 i 个小曲顶柱体（图 8.1.11）底面 σ_i 的面积仍记为 σ_i，与其同底的平顶柱体的高记为 c_i（事实上，在分割足够细密的时候，常数 c_i 可近似看成底面 σ_i 上任意一点 (ξ_i, η_i) 的函数值 $f(\xi_i, \eta_i)$），从而第 i 个小平顶柱体的体积为 $\sigma_i c_i$——以直代曲或以常代变．

将这 n 个小平顶柱体的体积求和，即可得所求曲顶柱体体积 V 的近似值为 $\sum_{i=1}^{n} \sigma_i c_i$ ——近似和．但我们需要求解的是所给曲顶柱体体积的精确值，这便产生了新的矛盾，即精确值与近似值的矛盾．我们如何来解决这个矛盾呢？

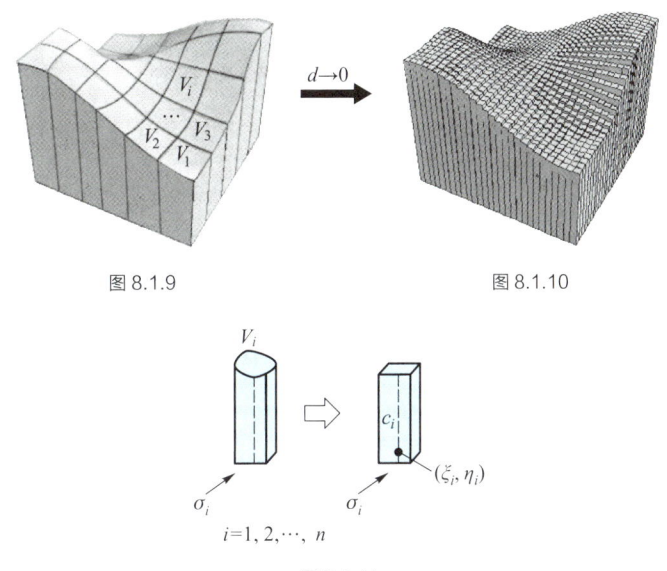

图 8.1.9　　　　　图 8.1.10

图 8.1.11

通过前面对曲顶柱体的无限分割，我们发现：所求曲顶柱体的体积 V 与和式 $\sum_{i=1}^{n}\sigma_i c_i$ 近似的程度取决于分割的细密程度，分割得越细密就越精确．因此，我们可以利用极限的思想，在 $d\to 0$ 时（此时 $n\to\infty$），对近似和 $\sum_{i=1}^{n}\sigma_i c_i$ 取极限．如果该极限存在，我们就称这个极限值为图 8.1.9 中曲顶柱体的体积 V，即

$$V=\lim_{d\to 0}\sum_{i=1}^{n}\sigma_i c_i=\lim_{n\to\infty}\sum_{i=1}^{n}\sigma_i c_i,$$

也就是说取极限可将近似值转化为精确值．

引例 6 说明：在研究总量问题时，如果遇到了<u>变与不变的矛盾</u>，转换矛盾的方法就是在局部范围内以不变量代替变量，那么可求得问题的近似解答．从而产生新的矛盾——<u>近似与精确的矛盾</u>，为解决这个矛盾，就对近似值取极限即可得精确值．这正是积分学中<u>微元法的思想</u>——"大化小，常代变，近似和，取极限"，它将导致积分概念的产生，从而为定义和计算总量问题提供了一套通用的方法．

课后拓展训练：读者还可以用与引例 6 同样的思想与方法，即微元法的思想去讨论平面图形的面积（参见阅读材料 4）、变速运动的质点 P 从 t_1 时刻到 t_2 时刻所经过的路程等问题．

用微积分看世界：下雪了，窗外的雪，一层一层地堆积起来；家里角落里，长久不打扫，那灰尘也是一层一层积起来了……那一层一层的就是微分，堆积起来便是积分了．真所谓"积分在微分中沉淀，微分在积分中升华"！

阅读材料4
曲边梯形的面积

通过上述分析，我们对高等数学有了一个简单的认识：高等数学研究的是变量，它能深刻体现"常"和"变"互相转化的观点，从而使研究范围扩大，并且解决了初等数学所不能解决的问题，为科学技术的发展起了极其巨大的推动作用．

高等数学含有非常丰富的内容，它们大多都有十分鲜明的应用背景，读者可在学习过程中逐步加以体会，在此就不一一列举了．高等数学的理论基础主要包含

解析几何：用代数方法研究几何问题．

高等代数：研究如何解线性方程组及相关的问题、方程式求根等问题．

微积分：研究函数的微分（无限细分）、积分（无限求和）以及有关概念和应用的数学分支．作为微积分的延伸，还可以继续学习常微分方程，偏微分方程等课程．

概率论与数理统计：研究随机现象，依据数据进行推理．

以上所有这些学科构成高等数学的基本部分，在此基础上，建立了高等数学的宏伟大厦．

仅通过上述六个引例，我们已经感受到高等数学作为基础科学，有其固有的特点：高度的抽象性、严密的逻辑性和广泛的应用性．人类社会的进步，与数学的广泛应用是分不开的．尤其是到了现代，人工智能的出现和普及使得数学的应用领域更加宽广，现代数学正成为科技发展的强大动力，同时也广泛和深入地渗透到了社会科学领域．

讨论题

1. 对希尔伯特旅馆问题，假设将住在 i 号房的原住客编号为 $a_i(i=1,2,\cdots)$．请问

（1）如果旅馆来了有限个人，将他们编号为 $\{b_1, b_2, b_3, \cdots, b_n\}$，那么接待员能把他们安排住进旅馆吗？

（2）如果住在旅馆的原住客 $a_i(i=1, 2, \cdots)$ 每人都带一个朋友（对应编号为 $b_i(i=1, 2, \cdots)$）来入住酒店，那么接待员能把他们安排住进旅馆吗？

（3）如果旅馆里的每个原住客都邀请无限多个亲朋好友（亲朋好友可排队）来希尔伯特旅馆居住，那么接待员能把他们安排住进旅馆吗？

2. 通过引例 1 与引例 2 的学习，你是如何理解无限大和无限小的？很小很小的数是无限小吗？很大很大的数是无限大吗？

3. 谈谈你是如何理解初等数学与高等数学的？通过引例 5 和引例 6 的学习，你又是怎样理解微分与积分的？

讨论题参考答案

8.2 基本初等函数的再认识

本节先给出利用多项式函数逼近指数函数、正余弦函数的结果，再阐述基本初等函数之间的关系．

8.2.1 基本初等函数的多项式逼近

函数逼近论是函数论的一个重要组成部分，涉及的基本问题是函数的近似表示问题，它在各个领域的应用非常广泛．

函数逼近的基本思想　对于一些比较复杂的函数 $f(x)$，为了便于研究，我们会根据已知的信息，构建一些相对比较好研究的函数去逼近或近似表示复杂函数 $f(x)$，如在点 x_0 的某一邻域 $U(x_0)$ 内构造一个函数序列 $\{u_n(x)\}$，使得

$$\lim_{n \to \infty} u_n(x) = f(x), x \in U(x_0).$$

上述函数序列 $\{u_n(x)\}$ 应如何构造才能使它较好地逼近函数 $f(x)$ 呢？在数学的分支——计算数学里，函数序列 $\{u_n(x)\}$ 的构造有着诸多方法．例如，多项式逼近、样条逼近、有理逼近等．由于多项式

函数的结构具有较好的可计算性和逼近性,所以多项式函数是我们要选择的最为简单的一类函数.因此,用多项式逼近目标函数是近似计算和理论分析的一个重要方法.

下面直接给出基本初等函数的多项式逼近结果,其严格证明将在高等数学课程中给出.

1. 多项式逼近指数函数:$\forall x \in (-\infty, +\infty)$,有

$$e^x = 1 + x + \frac{1}{2!}x^2 + \cdots + \frac{1}{n!}x^n + \cdots = \sum_{n=0}^{\infty} \frac{1}{n!}x^n. \qquad (8.2.1)$$

特别地,$e = 1 + 1 + \frac{1}{2!} + \cdots + \frac{1}{n!} + \cdots = \sum_{n=0}^{\infty} \frac{1}{n!}$.

2. 多项式逼近三角函数:$\forall x \in (-\infty, +\infty)$,有

$$\begin{aligned}\sin x &= x - \frac{1}{3!}x^3 + \frac{1}{5!}x^5 + \cdots + (-1)^n \frac{1}{(2n+1)!}x^{2n+1} + \cdots \\ &= \sum_{n=0}^{\infty} \frac{(-1)^n}{(2n+1)!}x^{2n+1},\end{aligned} \qquad (8.2.2)$$

$$\begin{aligned}\cos x &= 1 - \frac{1}{2!}x^2 + \frac{1}{4!}x^4 + \cdots + (-1)^n \frac{1}{(2n)!}x^{2n} + \cdots \\ &= \sum_{n=0}^{\infty} \frac{(-1)^n}{(2n)!}x^{2n}.\end{aligned} \qquad (8.2.3)$$

以上仅给出了指数函数、正弦函数、余弦函数的多项式逼近结果.下面来探讨基本初等函数之间的关系,有助于我们将来在高等数学学习中给出其他初等函数的多项式逼近结果.

8.2.2 基本初等函数之间的关系

1. (8.2.1)式利用幂函数的四则运算定义了指数函数,即

$$y = e^x, x \in \mathbf{R}.$$

2. 利用复合运算处理一般指数函数和幂函数,即

$$y = a^x = e^{x \ln a} \ (x \in \mathbf{R}), y = x^\alpha = e^{\alpha \ln x} (\alpha \in \mathbf{R}, x > 0).$$

前者反映的是一般指数函数的转换关系,后者反映了幂函数与指数函

数的关系.

3. 在初等数学中,利用反函数关系确定了对数函数,即

$$y = \ln x(x \in \mathbf{R}_+), \quad y = \log_a x = \frac{\ln x}{\ln a}(x \in \mathbf{R}_+).$$

4. 指数函数与三角函数的关系

在(8.2.1)—(8.2.3)式中,我们用多项式去逼近了函数 e^x,$\sin x, \cos x$,现用 ix 去替换(8.2.1)式中 x,并利用(8.2.2)—(8.2.3)式的结论,得

$$\begin{aligned}
e^{ix} &= 1 + ix + \frac{(ix)^2}{2!} + \frac{(ix)^3}{3!} + \cdots + \frac{(ix)^n}{n!} + \cdots \\
&= 1 + xi - \frac{x^2}{2!} - \frac{x^3}{3!}i + \frac{x^4}{4!} + \frac{x^5}{5!}i - \frac{x^6}{6!} - \frac{x^7}{7!}i + \cdots \\
&= \left(1 - \frac{x^2}{2!} + \frac{x^4}{4!} - \frac{x^6}{6!} + \cdots\right) + \left(x - \frac{x^3}{3!} + \frac{x^5}{5!} - \frac{x^7}{7!} + \cdots\right)i \\
&= \cos x + i\sin x.
\end{aligned} \quad (8.2.4)$$

把上式中的 x 替换为 $-x$,则有

$$e^{-ix} = \cos x - i\sin x. \quad (8.2.5)$$

将(8.2.4)式和(8.2.5)式两式相减或相加,分别得

$$\sin x = \frac{e^{ix} - e^{-ix}}{2i}, \quad \cos x = \frac{e^{ix} + e^{-ix}}{2}. \quad (8.2.6)$$

(8.2.4)—(8.2.6)式均反映了指数函数与三角函数的关系,其中等式(8.2.4)正是第五章学习的欧拉公式(5.3.2),(8.2.6)式是利用指数函数的四则运算定义了三角函数.

综上所述,基本初等函数之间有着一定的关联性,在一定条件下可以相互表达和转换,读者应灵活掌握.

讨论题参考答案

讨论题

如何巧用基本初等函数之间的关系给出一般指数函数 $y = a^x$($x \in \mathbf{R}$)的多项式函数逼近结果.

8.3 如何学习高等数学

我们已经初步认识了高等数学，那我们又应该如何学习高等数学呢？

要掌握良好的高等数学学习方法，应着重做好以下几个方面：

1. 发展变化意识，实现从常量数学到变量数学的转变.

通过六个引例，让我们深刻的体会到：初等数学用静止的观点研究问题，而贯穿高等数学的一个基本观点就是"变化"，用变化的观点来考察问题，从变化当中揭示事物的本质，这是高等数学和初等数学在思维上的显著区别.

2. 强化极限的理论，建立极限的思想，掌握极限的方法.

通过六个引例，我们深知：极限的理论是高等数学的基本理论，极限方法是研究函数变化形态的基本工具.

3. 注重抽象和概括问题能力的训练、提高，实现从具体数学到概念化数学的转变；培养严密的逻辑思维能力，实现从具体描述到严格证明的转变.

抽象是数学常用而且必不可少的思维方法，而概括则是形成概念的一种重要方法. 概括引例 5 和引例 6 可得到导数与积分的概念.

概念是思维的"细胞". 数学讲究逻辑思维，而逻辑思维无非是抽象出概念，再运用概念判断、推理. 数学水平的高低在很大程度上取决于对数学概念的理解，没有深刻理解和掌握基本概念，就无法进行推理和判断，也就无法获得新的结论.

高中阶段高强度的技能训练，使得高中生往往依赖于通过做大量的习题来逐渐理解所学的概念、定理. 进入大学后，大学课堂上的训练极少，加之高等数学的抽象程度比初等数学高，因而读者必须强化基本概念的学习，重视定理的严格证明，在此基础上，通过解题进行一定的技能训练.

"学以致用". 在今后高等数学的学习过程中，读者还要把握"从具体到抽象"的学习原则以及逐步抽象的方法. 除了要明白课本上的实际例子外，还要用数学的方式去理解和解决各个领域的专业问题，进行抽象概括的训练．

4．发展符号意识，实现从具体数学的运算到抽象符号运算的转变．

符号是一种更为简洁的语言，没有国界，全世界共享，并且这种语言具有运算能力．数学符号能以简明扼要的形式记录概念及其特征，注重数学符号的意义，掌握数学符号在概念中的作用，有助于准确、深刻地理解基本概念和基本定理．

5．培养自主学习的能力，培养应用数学的意识、兴趣和能力．

"善学者，师逸而功倍；不善学者，师勤而功半．"自主学习的能力强弱决定着学习效果和创新能力的高低．高等数学是培养学生思维能力、空间想象能力及运算能力的"智力体操"．它所具有的高度抽象性决定了要学好高等数学，单靠课堂教学是无法完成的，我们必须要怀着浓厚的兴趣去学习高等数学，处理好课程学习中的每一个环节．例如，在课前课后必须充分利用图书馆、优质的网络教学资源平台，找出疑点、难点，带着问题去听课，去和老师、同学探讨，有意识培养自己精密思考、准确计算，运用数学知识去解决所遇到的各种实际问题的能力．

讨论题部分
参考答案

讨论题

1．为什么要学习数学理论与方法？

2．你如何规划你的高等数学学习？

习题 8

1．请完成下列各题．

（1）试用初等数学证明：$1 = 0.\dot{9}$．

（2）高等数学中，我们将 $0.\dot{9}$ 视为如下的无穷和式：

$$0.\dot{9} = 0.9 + 0.09 + 0.009 + \cdots = \frac{9}{10} + \frac{9}{100} + \cdots + \frac{9}{10^n} + \cdots,$$

试用引例 2 的思想说明 $1 = 0.\dot{9}$ 的动态含义.

2. 假设零时刻，兔子在原点，其速度为 $10v$ m/s，其中 v 为常数，而乌龟在兔子前方 $9v$ m 处，且其速度为 v m/s.

（1）利用初等数学求兔子追上乌龟的时间.

（2）根据引例 2 的思想，当兔子用 $t_1 > 0$ 时间前进 $9v$ m 时，乌龟在 t_1 时间内向前前进了 s_2；当兔子再用 $t_1 > 0$ 时间向前前进 s_2 时，乌龟在 t_2 时间内向前前进了 s_3. 继续下去，得到结论：对任意 $n \geqslant 1$，始终存在 $t_n > 0$，使得兔子追不上乌龟. 试用之前的结论算出兔子追乌龟的时间 $t = t_1 + t_2 + \cdots$.

3. 用与引例 5 同样的思想与方法，去求解作变速直线运动物体的瞬时速度与加速度，并给出匀速直线运动 $s_1(t) = bt$ 和自由落体运动 $s_2(t) = \frac{1}{2}gt^2$（b 和 g 均为常数）的瞬时速度 $v = v(t)$ 的求解方法.

4. 在经济分析中，边际分析是重要的分析方法. 一般地，如果经济变量 y 是另一个经济变量 x 的函数，记为 $y = f(x)$，则称 $y = f(x)$ 在其定义域内任意一点 x 处的导函数 $D = D(x)$ 为函数 $y = f(x)$ 的边际函数，也就是说边际函数是平均经济变量 $\dfrac{\Delta y}{\Delta x}$ 在 $\Delta x \to 0$ 时的极限. 类似于引例 5 的思想与方法，通过研究变量（平均经济变量）的极限，给出边际函数 $D = D(x)$ 的求解方法.

5. 用与引例 6 同样的微元法的思想去求解图 1 中平面图形的面积.

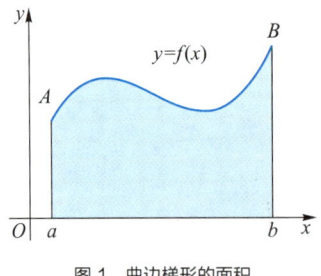

图 1　曲边梯形的面积

6. 写出下列函数的多项式函数逼近结果.

（1）$y = x^\alpha = e^{\alpha \ln x}(\alpha \in \mathbf{R}, x > 0)$；（2）$y = \sin^2 x (x \in \mathbf{R})$.

7. 分别画出函数 $y = \sin x$，$y = \cos x$，$y = \arctan x$，$y = \operatorname{arccot} x$，$y = e^{-x}$

的图像，并考察：当其自变量 x 沿着 x 轴正方向和负方向无限增大时，相应的函数值有什么变化趋势？

8. 考察函数 $y = \dfrac{1}{x}$，当其自变量 x 沿着 x 轴正方向和负方向无限增大时，相应的函数值有什么变化趋势？当其自变量 x 沿着 x 轴无限接近原点时，相应的函数值又有什么变化趋势？

9. 数学的特点之一是有一套系统的符号体系，数学符号的使用极大地增强了数学叙述的简洁性和确定性．数学符号因情景不同，导致同一个数学符号含义具有多样性．例如

$$a + e = e + a,$$

$$e^0 = 1.$$

第一个等式中的符号 e 是字母符号，而第二个等式中的符号 e 表示的是无理数 e.

试解释下面给出的系列数学符号的含义.

$\geqslant, >, \approx, \cong, \neq, \equiv;$

$|x|, [x], \sqrt{x}, \sqrt[n]{x};$

$+, -, \times, \div;$

$\mathbf{N}, \mathbf{Z}, \mathbf{Q}, \mathbf{R}, \mathbf{C}, \varnothing;$

$\Rightarrow, \Leftrightarrow;$

$\in, \notin, \subset, \subseteq, \not\subset, \cup, \cap;$

$\Omega, \triangle, \perp, \|, \angle, \square, \bigcirc, \infty;$

$\sum\limits_{i=1}^{10} x_i, \sum\limits_{i=1}^{\infty} x_i, \prod\limits_{i=1}^{10} x_i, \prod\limits_{i=1}^{\infty} x_i, \bigcap\limits_{i=1}^{n} A_i, \bigcup\limits_{i=1}^{n} A_i;$

$\varepsilon, \delta, \theta, \rho, \pi, \mathrm{e}, f(x), \varphi(x);$

$\forall, \exists;$

$x \to \infty, x \to x_0, \cdots.$

习题 8 部分
参考答案

参考文献

[1] 苏德矿，余继光．基础高等数学：中学数学内容补充与数学概念和思维方法简介．北京：高等教育出版社，2015.

[2] 人民教育出版社，课程教材研究所，中学数学课程教材研究开发中心．普通高中课程标准实验教科书：数学必修 1－5 和选修系列．北京：人民教育出版社，2012.

[3] 西南财经大学高等数学教研室．高等数学（经管类）．北京：科学出版社，2013.

[4] William B, Lyle C, Bernard G. Calculus. 2nd ed. London: Pearson, 2014.

[5] 纳欣 P J．虚数的故事．朱惠霖，译．上海：上海教育出版社，2008.

高等数学先修课（第二版）
GAODENG SHUXUE XIANXIUKE

图书在版编目（CIP）数据

高等数学先修课 / 朱文莉主编. -- 2 版. -- 北京：高等教育出版社，2025.7. -- ISBN 978-7-04-064374-9

Ⅰ．O13

中国国家版本馆 CIP 数据核字第 2025SJ6348 号

策划编辑	李冬莉
责任编辑	李冬莉
特约编辑	吴　迪
封面设计	姜　磊
版式设计	徐艳妮
责任绘图	杨伟露
责任校对	窦丽娜
责任印制	刘弘远

出版发行	高等教育出版社
社　　址	北京市西城区德外大街 4 号
邮政编码	100120
印　　刷	河北吉祥印务有限公司
开　　本	787mm×1092mm　1/16
印　　张	13.5
字　　数	240 千字
购书热线	010-58581118
咨询电话	400-810-0598
网　　址	http://www.hep.edu.cn
	http://www.hep.com.cn
网上订购	http://www.hepmall.com.cn
	http://www.hepmall.com
	http://www.hepmall.cn
版　　次	2018 年 6 月第 1 版
	2025 年 7 月第 2 版
印　　次	2025 年 7 月第 1 次印刷
定　　价	32.10 元

本书如有缺页、倒页、脱页等质量问题，请到所购图书销售部门联系调换

版权所有　侵权必究

物 料 号　64374-00

郑重声明

高等教育出版社依法对本书享有专有出版权。任何未经许可的复制、销售行为均违反《中华人民共和国著作权法》，其行为人将承担相应的民事责任和行政责任；构成犯罪的，将被依法追究刑事责任。为了维护市场秩序，保护读者的合法权益，避免读者误用盗版书造成不良后果，我社将配合行政执法部门和司法机关对违法犯罪的单位和个人进行严厉打击。社会各界人士如发现上述侵权行为，希望及时举报，我社将奖励举报有功人员。

反盗版举报电话　（010）58581999　58582371
反盗版举报邮箱　dd@hep.com.cn
通信地址　　　　北京市西城区德外大街 4 号
　　　　　　　　高等教育出版社知识产权与法律事务部
邮政编码　　　　100120

读者意见反馈

为收集对教材的意见建议，进一步完善教材编写并做好服务工作，读者可将对本教材的意见建议通过如下渠道反馈至我社。

咨询电话　400-810-0598
反馈邮箱　hepsci@pub.hep.cn
通信地址　北京市朝阳区惠新东街 4 号富盛大厦 1 座
　　　　　高等教育出版社理科事业部
邮政编码　100029

防伪查询说明

用户购书后刮开封底防伪涂层，使用手机微信等软件扫描二维码，会跳转至防伪查询网页，获得所购图书详细信息。

防伪客服电话　（010）58582300